HISTORIA DE LAS

MATEMÁTICAS

Índice

INTRODUCCIÓN

La historia del desarrollo de las matemáticas dependía enteramente de la historia del desarrollo tecnológico.

Análisis matemático, la rama matemática se ocupa de las técnicas de cálculo diferencial e integral y otros ejemplos de utilización de los límites (o cruces de umbrales) como teoría de líneas (infinitas), productos infinitos, extensiones de análisis, cuenta de variación y similares. El desarrollo histórico de la geometría (curva tangente, área debajo de la curva) y la mecánica (principalmente relación- partículas especiales) motivaron el cálculo diferencial e integral fundado por Newton y Leibniz.

El aprendizaje de las matemáticas del corazón es bueno cuando la complejidad del aprendizaje de las matemáticas es baja. Sin embargo, a medida que el nivel de educación avanza y la complejidad de las cuestiones matemáticas se eleva al nivel de la taxonomía, el estudio con el corazón puede no ser ideal ya que el conocimiento está saturado. La calidad de las matemáticas disminuye debido a muchos detalles matemáticos que deben ser recordados. Será mejor elegir un método que se centre en la comprensión conceptual.

CAPÍTULO UNO

¿Qué son las matemáticas?

Estudio de la cantidad, la forma, el espacio y el cambio en las matemáticas. Los matemáticos buscan patrones, formulan nuevas suposiciones y establecen la verdad mediante una rigurosa deducción de axiomas y definiciones debidamente seleccionados.

La ciencia de las matemáticas estudia la cantidad, la forma, el espacio y la transición. Busca patrones, crea nuevas conjeturas y desarrolla la verdad basada en una deducción de los axiomas y definiciones seleccionadas adecuadamente.

Los elementos matemáticos como los números y los puntos se discuten en la naturaleza o son creados por los humanos. Uno de los grandes matemáticos de Benjamin Price dice que "las matemáticas son la ciencia que saca las conclusiones necesarias". En el otro lado, Einstein pensó: "En lo que respecta a las leyes matemáticas que se refieren a la verdad, no son seguras, y no se aplican a la naturaleza en la medida en que son seguras.

Las matemáticas se han derivado del razonamiento lógico, el conteo, el cálculo, la medición y los estudios sistemáticos, como la forma o el movimiento. Podemos asumir que desde que se producen los registros escritos, las matemáticas eran una preocupación humana. En el griego antiguo, en los Elementos de Euclides, aparecieron los primeros elementos matemáticos difíciles. En China (300 a.C.), India (100 a.C.) y Arabia (800 a.C.) se establecieron las matemáticas. En las matemáticas del Renacimiento, la mayoría de los nuevos descubrimientos científicos comienzan a conectarse y a validarse, y esto ha dado lugar a una rápida expansión de esta disciplina y a un gran interés que está presente y ha crecido en el mundo de hoy.

Se utiliza como herramienta fundamental en muchas áreas que abarcan las ciencias naturales, la ingeniería, la medicina y las ciencias sociales.

La categoría que se ocupa de las posibilidades y formas de aplicarla de muchas maneras diferentes es la matemática aplicada. Por ejemplo, tenemos estadísticas, gracias a ello. Los matemáticos también tomaron un camino matemático claro para estudiar estrictamente.

La palabra "matemáticas" deriva de máthÖ "ma" (griego) significa investigación, ciencia, educación y tiene un significado específico: "práctica matemática", "que estaba presente en la época clásica". El término producido estaba específicamente conectado con las experiencias de aprendizaje y en latín 'ars Mathematica' significaba literalmente" arte matemático.

Se ha demostrado que incluso los individuos prehistóricos han sido capaces de contar cantidades directamente relacionadas con el tiempo, los días, las estaciones y los años. Obviamente, siguió la aritmética básica.

Las matemáticas podrían dividirse en general en estudios cuantitativos, estructurales y espaciales y un cambio (álgebra y análisis). También hay otros vínculos principales del árbol matemático: la lógica, la teoría de los fundamentos, las matemáticas empíricas (mencionadas anteriormente) y la más reciente teoría de los estudios de la incertidumbre.

¿Las matemáticas son eternas?

Complejo, simple, feo, elegante, hermoso, explica todo, historia de éxito, fundamentos básicos, etc. A menudo se trata de palabras y frases matemáticas, especialmente belleza y elegancia. Eso por sí solo no eterniza las matemáticas.

Creo que habría una especie de matemáticas que cubrir, sin importar cuáles sean las reglas, conceptos y relaciones de la física. Sin embargo, muchas de nuestras matemáticas no están relacionadas con nuestra física, por ejemplo la relación de cubo inverso.

¿Es Matemáticas Eternas 2?

¿Qué es el estado de las matemáticas? ¿Las matemáticas son para siempre?

No hay ningún estatus fuera de la mente humana en las matemáticas. Las matemáticas, por lo tanto, son tan eternas como la duración de las mentes humanas. Las matemáticas fueron la invención de la mente humana (porque no conozco ninguna otra forma de vida que emplee las matemáticas de forma abstracta) para ayudar a la gente a enfrentarse a las muchas (y también inventadas) complejidades de la sociedad humana. Las matemáticas proporcionan aplicaciones prácticas como la navegación y proporcionan al mundo natural, que rige el asado humano, orden y previsibilidad. Las matemáticas no son algo porque no tienen propiedades físicas y no pueden ser identificadas a través de ninguno de los instrumentos sensoriales. Por supuesto, si estamos en un universo simulado (realidad virtual), entonces existimos totalmente en y como una estructura matemática.

Obviamente, las matemáticas también pueden ser la invención de la inteligencia extraterrestre, y las matemáticas pueden durar indefinidamente en el cosmos mientras las formas de vida inteligentes sean libres de usar y abusar de las innovaciones matemáticas.

¿Las matemáticas son descubiertas o inventadas?

IMHO, las matemáticas son un no-algo, un concepto abstracto que es una creación de la mente humana. Las matemáticas no tienen ninguna de las propiedades que asociamos con las cosas. Se pueden encontrar cosas, inventar conceptos. No hay nadie más dos igual a tres (1 + 2=3). Pi no es una cosa. Pi no es una cosa. La ecuación cuadrática no es un asunto. Los teoremas matemáticos no son materiales. Las matemáticas no pueden ser identificadas por ninguno de los cinco sentidos, ni siquiera por instrumentos que amplíen nuestra capacidad sensorial más allá de lo que nuestros sistemas sensoriales pueden manejar. Por supuesto, las matemáticas son una herramienta útil, pero muchas matemáticas posibles no podrían serlo. Buscamos y adoptamos el tipo de matemáticas que encajan en lo que observamos, lo que es útil y lo que no encaja en un cubo de basura. De esta manera, una ley del cuadrado inverso, pero no una ley del cubo invertido, reflejará la fuerza gravitatoria, y así la relación del cubo invertido se pone en un cubo de desecho. Luego nos maravillamos de la belleza y elegancia de la ley del cuadrado opuesto que explica cómo la fuerza de gravedad opera sobre la distancia y olvida la belleza y elegancia de la ley del cuadrado opuesto. La belleza y la elegancia, por otro lado, no son términos científicos o matemáticos legítimos. Los considerará sin importar la frecuencia con la que los científicos y matemáticos los utilicen en muchas de las entrevistas de "Close to the Fact" en esta sección.

¿Las matemáticas fueron descubiertas o inventadas 2?

El conjunto de todas las ecuaciones posibles está tan cerca del infinito como es imposible que un subconjunto de éstas refleje, por casualidad, el mundo real, como lo está la ley cuadrática inversa de la propagación de la radiación y la gravedad por el electromagnetismo. Eso significa que las matemáticas son un invento más que un descubrimiento. Si realmente existiera este gran mundo de casi un sinfín de conexiones matemáticas esperando ser descubiertas como parte integrante y fundamental del cosmos, entonces no se esperaría que la abrumadora mayoría no fuera de relevancia para el cosmos en su conjunto y para las leyes, principios y relaciones de la física que dominan.

Ventajas de las matemáticas

Muchos de nosotros pensamos en los beneficios de las matemáticas en nuestra infancia. Muchos de nosotros no podíamos entender las ventajas de las matemáticas más allá del uso cotidiano de simples números. Veamos en profundidad algunas de las ventajas de estudiar matemáticas y de maravillarse con este difícil tema en los primeros años de vida.

La utilidad de las matemáticas es doble, importante para la promoción de la ciencia y dos importantes para nuestra comprensión del funcionamiento del universo. Y aquí y ahora es importante para la gente, mentalmente y en el trabajo, mejorar.

Las matemáticas ofrecen a los estudiantes un conjunto único de herramientas poderosas para entender y cambiar el mundo. Estos instrumentos incluyen el razonamiento lógico, la capacidad de resolución de problemas y el pensamiento abstracto. En la vida cotidiana, en muchas formas de trabajo, ciencia y tecnología, medicina, economía, medio ambiente y desarrollo, así como en la toma de decisiones públicas, las matemáticas son importantes.

También hay que saber lo importante que son las matemáticas y cómo progresan a un ritmo espectacular. Es una cuestión de patrón y estructura; es una cuestión de análisis lógico, inferencia y estimación en estos patrones y estructuras. Cuando se encuentran patrones, a menudo en campos científicos y tecnológicos muy diferentes, las matemáticas de estos patrones pueden utilizarse para explicar los acontecimientos y situaciones naturales y controlarlos. Las matemáticas tienen un impacto generalizado en nuestra vida diaria y se suma a los ingresos del individuo.

Una amplia gama de intereses y habilidades pueden ser satisfechos por el estudio de las matemáticas. Crea imaginación. Se entrena en el pensamiento claro y lógico. Se trata de un reto con una variedad de conceptos complejos y problemas sin resolver porque aborda los problemas resultantes de sistemas complicados. Pero también busca simplificar las cosas, encontrar las ideas y estrategias adecuadas para dificultar las cosas, y explicar por qué una situación debe ser como es. Al hacerlo, desarrolla una gama de lenguaje y conocimientos, que pueden ser utilizados para nuestra comprensión y apreciación del mundo y nuestra capacidad para encontrar y abrirnos camino en él.

Los empleadores buscan cada vez más a graduados con fuertes habilidades de pensamiento y de resolución de problemas, sólo las habilidades desarrolladas en el campo de las matemáticas y la estadística.

Veamos algunos casos. La industria de la informática contrata a estudiantes de matemáticas. Los matemáticos enseñan la mayoría de las clases de computación en la universidad. A través de las matemáticas, la programación dinámica se genera en el corazón de todos los cálculos. También se utiliza la criptografía, una forma pura de matemáticas, para codificar millones de transacciones realizadas en Internet cada hora y utilizando tarjetas de débito o de crédito. Las matemáticas y la informática son una opción popular, y también hay títulos de cuatro años con una colocación en la industria. Esta última proporciona a los estudiantes una amplia experiencia para aumentar sus posibilidades de empleo.

Las proporciones ideales de las matemáticas se mostraron en la pintura del Renacimiento. El estudio de la astronomía en los primeros días de su creación requirió la expansión de nuestra comprensión de las matemáticas e hizo posible logros tales como el tamaño o el peso de la tierra, el hecho de que giramos alrededor del sol, y otros descubrimientos que nos permitieron avanzar en nuestro conocimiento sin el cual nuestras modernas maravillas de la tecno no habrían ocurrido.

La computadora en sí es la máquina matemática que es un invento tan importante para lograr una revolución económica en la comunicación de datos y la eficiencia del procesamiento.

Filosofía de las matemáticas

La rama de la filosofía destinada a estudiar los fundamentos de los supuestos y las suposiciones filosóficas de las matemáticas se llama filosofía de las matemáticas.

Cuando uno mira la evidencia histórica de los pensadores que contribuyen a las ideas sobre las matemáticas, hay muchos ejemplos. Estos incluyen dos grupos básicos de filósofos matemáticos: los filósofos occidentales y los filósofos orientales.

Los nombres de filósofos europeos como Platón y Aristóteles se refieren a ellos. Sus estudios se centraron en los objetos matemáticos, en particular en su estado ontológico. Por otro lado, Aristóteles contribuyó al campo de la lógica del infinito.

El gran matemático Leibniz se concentró principalmente en la relación entre la lógica y las matemáticas.

Debido a los siguientes aspectos de las matemáticas, el estudio de la filosofía de las matemáticas era interesante: o Las matemáticas se basaban en innumerables conceptos abstractos.

o El amplio uso de las matemáticas: Gobierna muchas actividades cotidianas, no sólo en la física, la química e incluso la biología.

o Infinito: Es un concepto peculiar y siempre ha atraído los intereses de muchos filósofos.

La relación entre las matemáticas y la lógica es un tema recurrente en la filosofía matemática. En el siglo XX, la ciencia matemática giró en torno a la teoría fija, la teoría de la evidencia, la lógica formal y otros problemas similares.

Alrededor de la ruptura del siglo XX, los teóricos de las matemáticas conservaron muchas escuelas de pensamiento. Tres escuelas surgieron en esta época, a saber, el intuicionismo, la lógica y el formalismo. Otra cuarta escuela de pensamiento surgió a principios del siglo XX: el predicativismo. Cualquier problema que se planteara en ese momento sería resuelto por todas las escuelas o afirmaría que las matemáticas no son tan inevitables como los que piensan que las matemáticas son "el conocimiento más seguro".

Logística Es también la tesis en la que las matemáticas podrían reducirse a la lógica y convertirse así en un componente de la lógica. Según la logística, la lógica está en la raíz de las matemáticas, y por lo tanto todas las afirmaciones matemáticas no son más que hechos lógicos.

Este trabajo simplemente sugiere que las matemáticas se presentan como nada más que la lógica.

Intuicionismo Esto se debe a las obras de Brouwer. El intuicionismo afirma que las matemáticas son un acto de construcción. Implica la construcción de la mente.

Se supone que no hay realidades matemáticas que no se hayan encontrado en este sistema de metodología en evolución en las matemáticas.

El formalismo, las obras de David Hilbert, se atribuyen a este programa. Según Hilbert, los números naturales pueden ser considerados como símbolos en lugar de construcciones mentales, en contraste con la teoría Intuicionista. Estos símbolos son entidades fundamentales. Y con respecto a las matemáticas superiores, las frases son cadenas de símbolos aún no interpretados.

Predicativismo El predicativismo no sería normalmente considerado como una de las primeras escuelas. Este programa está basado en el trabajo de Russell.

Centrémonos ahora en las otras escuelas de pensamiento contemporáneo que han surgido en los últimos tiempos.

Realismo matemático Las matemáticas no pueden ser inventadas por los humanos; sólo se descubren. Este programa. Por ejemplo, formas como círculos y triángulos existen como entidades reales en la naturaleza.

Empirismo Es una forma realista. Según el empirismo, el conocimiento sin experiencia (priorato) no puede creerse en las matemáticas.

La investigación empírica puede descubrir hechos matemáticos. Todo el conocimiento que se obtiene es porque observamos nuestros sentidos.

Los seguidores de este programa creen que las consecuencias de varias reglas de manipulación aplicadas a las cadenas de números pueden verse en las declaraciones matemáticas. El formalismo tiene otra versión: el deductivismo.

Varios casos de matemáticos han sido intrigados por este tema de la filosofía matemática, ya que consideran el sentido puro de la belleza.

Sólo se puede abordar una cuestión filosófica fundamental, que comenzó a considerarse valiosa: ¿qué es la comprensión matemática?

CAPÍTULO DOS

Matemáticas: ¿Inventado o descubierto?

No existe una realidad física para los números y las operaciones lógicas (como la adición). No estamos hechos de ninguna forma o material. Incluso en la tecnología avanzada, no puedes detectar números/operadores con tus cinco sentidos. Ver u oír un número no da más sentido que ver u oír el miércoles o la belleza da a estas ideas una verdad que es diferente. Pero a diferencia del miércoles y la moda, los números parecen tener más que una relación pasajera con lo que llamamos la vida real. La verdad real puede ser transformada en figuras y fórmulas. Los números son el lenguaje en el que se expresa la verdad real.

Sin embargo, los números, la aritmética y las operaciones relacionadas son principios conceptuales como la multiplicación, la resta, etc. Son sólo conceptos humanos hasta donde sabemos. No existe una estructura independiente para los números, las matemáticas y las operaciones relacionadas; no tienen una sustancia independiente. Estas son análogas a otras construcciones psicológicas, como las unidades de medida, la elegancia, los principios de los miércoles, las emociones humanas, etc. Conceptos como horas, onzas, millas, miércoles, felicidad, soledad, etc. en un mundo libre de existencia no tienen ningún significado o fundamento. ¿Puede un electrón amar a otro? ¿Tienen los electrones un concepto de día y hora libre? ¿Puede un electrón dar una conferencia a una colección de otros electrones en la ecuación cuadrática? El número dos o fórmula cuadrática no existe, a diferencia de una estrella o un electrón, en un mundo sin vida. Todo esto supone ahora que un cosmos sin vida no tiene inteligencia. Pero si el universo es creado por una inteligencia - como un programador de software / ordenador - entonces ese cosmos tiene todas las construcciones intelectuales dentro del intelecto que generó el cosmos (programado).

Ahora supongamos que la inteligencia humana es la única inteligencia celestial, y por lo tanto el intelecto humano inventó las matemáticas ya que no hay ninguna inteligencia superior que haya inculcado las matemáticas en el universo que espera ser descubierto. Mi punto principal aquí es que la gente puede cambiar las reglas si inventan algo si la gente hace las reglas. El concepto de 6x 7= 42 no tenía ningún significado antes de que los humanos existieran. Ninguna definición de 7 o 6 o multiplicación o igualdad o de 42 es esencial para los electrones. Los humanos le dieron sentido a todo. Pero la gente podría entonces cambiar sus propias reglas y declarar 6x 7= 24. Cuando todos están de acuerdo 6x 7= 24, 6x 7= 24! No existe una autoridad superior que diga lo contrario.

Aquí está, por lo tanto, el concepto de realidad en un Cosmos sin vida.

No hay miércoles. No hay miércoles. No hay ira. No hay Feliz Año Nuevo o Feliz Navidad. La idea de los días libres aún no ha nacido. Habla de los conceptos de ópera espacial, ópera a caballo y telenovela. Todavía no había ninguna contradicción en el concepto de solteros casados. No había ni idea de sueño y de ilusión en el universo vacío.

Como el concepto inmediatamente después del Big Bang, el ahorro de luz diurna no era creíble. la idea de la pizza Exploraría 13.700 millones de años más, el lenguaje de cualquier tipo faltaba, y mientras había procesos físicos sobre la mesa, no había ningún concepto de física.

La idea de un coche aún no ha surgido. Ya que ahora tenemos coches, ¿existió este concepto antes de la vida? No lo creo.

No había música, pero la música es una estructura matemática.

Luego está el concepto del rojo. La(s) longitud(es) de onda existe(n), pero ¿existe el enrojecimiento si no hay vida roja? Todo esto parece ser un espejo de ese viejo rompecabezas filosófico. ¿Hace un sonido cuando un árbol cae en un bosque y no hay nadie?

Si ninguna de estas ideas era verdadera antes de que la vida se hiciera realidad, ¿qué nos hace creer que las matemáticas, los números y sus operaciones lo hicieron? En ausencia de vida, 2 + 3 = cinco sigue siendo lógico, pero sólo si el dos, tres y cinco y el concepto igual y la suma estuvieran' ahí fuera,' de alguna manera. Así que la verdadera pregunta es, ¿por qué las matemáticas deberían ser una excepción si todos estos principios no tienen significado en un mundo sin realidad, un cosmos sin existencia.

Pero está bien, estás en un excelente negocio si dices que eres 6x 7= 42, En un cosmos sin vida, y mucho menos en un cosmos, libre de todo y de cualquier cosa. Es difícil argumentar que una hilera de seis cosas siete veces no dará cuarenta y dos, independientemente del idioma en que se llame "seis", "siete" o "cuarenta y dos". Entonces, mi siguiente suposición es que "E = mc-cuadrado" reside en un Cosmos sin vida en sí mismo? En otras palabras, ¿las estrellas transmiten masa a energía en un cosmos sin vida?

Cuando dices "sí", todas las ecuaciones matemáticas que explican las leyes, conceptos y asociaciones de la física probablemente existirán independientemente de la existencia.

Por ejemplo, si la gravedad existió antes de la vida, entonces tanto la ley de la gravedad de Newton como la de Einstein la refinanciaron ligeramente antes de la vida. Si hubo electromagnetismo antes de la vida, entonces las ecuaciones de Maxwell probablemente también tenían algún tipo de estructura y sustancia pre-vida. Cuando los planetas orbitaban el Sol, y la Tierra orbitaba la galaxia, y la Luna orbitaba la Tierra antes de que un humilde protocélula estuviera allí para entender todo eso, las Leyes de Kepler del movimiento planetario posiblemente también estaban allí.

La siguiente pregunta surge entonces, ¿cómo puede surgir toda esta regularidad estadística, consistencia matemática y previsibilidad? E = mc-cuadrado parece tanto diseñado (sólo una ecuación posible puede relacionar la masa con la energía) como afinado (sólo existe un valor para E para cualquier valor de m). Para generalizar, si todas las ecuaciones que gobiernan las leyes, conceptos y relaciones físicas están, por lo tanto, gobernadas por un gallinero celestial, pre-vida y todas estas ecuaciones deben hacer el trabajo que hacen y ofrecer respuestas afinadas, es necesario que haya algún tipo de interpretación.

¿Podría ser todo por casualidad (la teoría de la Madre Naturaleza), o debe haber un creador detrás del universo que sea más aficionado a las matemáticas? ¿Y si este último es una deidad sobrenatural o un programador de computadoras? Si es la última, entonces existimos en un paisaje virtual definido matemáticamente y obedecemos reglas matemáticas, como 6x 7= 42. 6x 7= 42 existe independientemente de la existencia porque fue creado por...

Patrones matemáticos e inducción matemática

Una parte importante del trabajo de un matemático es la comprensión de los patrones estadísticos. A veces un matemático se enfrenta a ciertas ecuaciones y ve la regularidad general de las mismas. Ver por ejemplo: 4 ^ 1-1=3* 1, 4 ^ 2-1=3* 5, 4 ^ 3-1=3* 21, 4 ^ 4-1=3* 85, etc. Por ejemplo. Todo el mundo puede reconocer el patrón general: multiplica 4 con sí mismo tanto como quieras y réstale 1. De manera similar, 1 + 2 + 3=3* 4/2, 1 + 2 + 3 + 4=4* 5/2, etc. Aquí se puede percibir un patrón de nuevo: sumar todos los números naturales de 1 a cualquier número que se desee, el resultado es siempre el mismo que la mitad del producto de su sucesor. Los matemáticos tienen una cierta manera de escribir estos patrones generales. El primero se escribe en

"4*n-1 es siempre divisible por 3", el segundo se escribe en 1 + 2 + 3+... $n(n+1)/2$. Patrones similares se escriben como $1 + 3 + 5 = 3^2$, $1 + 3 + 5 + 7 = 4^2$, $2 + 3 + 5 + 7 + 9 = 5^2$, etc. + O0 n= n^2, este es el número impar de O n. Los matemáticos interpretan y escriben patrones con números de la manera descrita anteriormente. Encuentras toda una gama de patrones interesantes y una simple mirada a la variedad basta para llenarte de asombro y maravilla. Veamos algunos de ellos.

Un conjunto de 3 parámetros tiene $2^3 = 8$ subconjuntos potenciales, un conjunto de 4 parámetros tiene $2^4 = 16$... un conjunto de 2^n subconjuntos tiene n elementos. 2-2=6, $3^3 - 3 = 6 * 4$, $3^3 - 4 = 6 * 10$,... $n^3 - n$ es un múltiplo de seis piezas. Deje los pasos intermedios, y a partir de ahora escriba las expresiones finales de los patrones. El múltiplo de 3 es $x^3 - 7x + 3$. $7^n - 5^n$ es un múltiplo doble. $a^n - b^n$ es un múltiplo de a-b, a y b son números naturales diferentes. nC1+nC2 Más... + nCn=2n. + nCn. La lista es casi infinita.

No hay que apresurarse a concluir que el patrón que percibe se traslada a los números naturales. Tomemos el ejemplo clásico de la expresión $n^2 + n + 41$. Hace años se creía que esta expresión da siempre el primer número, independientemente del número natural en lugar del n. $1^2 + 1 + 41 = 43$, primer número; $2^2 + 2 + 41 = 47$, primer número: $3^3 + 3 + 41 = 53$, primer número otra vez,... $39^2 + 49 = 1601$. Realmente empiezas a sentir que esta tendencia debería ser convertida en números totalmente naturales. Casi mejora tu fe al afirmar algo 39 veces. Sin embargo, en 1772, Euler, uno de los matemáticos más prolíficos de la historia, señaló que esto no era generalmente cierto. $40^2 + 40 + 41 = 40(40 + 1) + 41 = 40 * 41 + 41$, ¡compuesto en lugar de número primo! De manera similar, un número compuesto es $41^2 + 41 + 41 = 41(41 + 1 + 1)$. Entonces, ¿qué vamos a concluir? Entendemos que la verificación repetida de un cierto patrón no implica necesariamente que el patrón se pase a todos los números. Uno comienza a sentir la necesidad de algo más, que debería probar la validez de las afirmaciones con patrones numéricos.

La interpretación y generalización de un patrón a todas las situaciones posibles se denomina inducción. Una gran cantidad de lo que consideramos como conocimiento depende del proceso de inducción. ¿Cómo sabemos, por ejemplo, que si se pierde la pista de algo, caerá al suelo en lugar de volar? La inducción nos da la respuesta cientos de veces desde que nacimos. Y esta experiencia constante nos ha dado fe de que siempre sucederá cuando alguien pierda la pista de algo. ¿Tienes dudas? ¿Tienes dudas? ¡Pierde algo y mira lo que está pasando! El fuego quema, los árboles nos dan frutos, el veneno mata, el sol ilumina el día, etc. son algunas de las cosas que creemos debido a la inducción. En el caso de los patrones estadísticos, esto ocurre no sólo en la física y la vida cotidiana. Hacemos algunas observaciones, percibimos un modelo, y empezamos a sentir que para todos los números que están ahí, lo que observamos para cierto número seleccionado debe ser cierto. Es una de las mejores herramientas de un matemático en activo. Sin embargo... Pero... Dentro de nuestras experiencias cotidianas, hay algo más importante que no está disponible: los matemáticos tienen el Método de Inducción Matemática.

La inducción matemática parece ser una herramienta utilizada para complementar la falta de inducción, que fue tan vívidamente expuesta en la observación hecha en 1772 por Euler. Su observación demuestra claramente que necesitamos un método diferente para verificar si el patrón que recibimos es válido o no en todos los números, y si la declaración final, que implica n, es válida en todos los números o no. Esto se hace mediante el uso del método de inducción estadística. Se comprueba la exactitud de la declaración general sobre los números naturales. Si una declaración o afirmación pasa esta prueba, ciertamente se aplica a todos los números que se pueden poner en la expresión final para n. Nótese que no todas las expresiones se relacionan con todos los números naturales. Para los números totalmente naturales, "4n-1 se multiplica por 3", pero $n! > n^2$ se refiere a todos los números naturales mayores de

3, en lugar de a todos los números naturales. Por lo tanto, debemos vigilar su ámbito de aplicación cuando pensemos en las tendencias. Para que sea simple, en este capítulo sólo se tratarán los patrones que incluyen números totalmente naturales. Veamos ahora los pasos del proceso.

El método de inducción matemática consiste en sólo dos etapas. El primer paso es determinar si la declaración se aplica o no al primer número natural 1. La segunda es bastante compleja, y comprobamos: si la reclamación se aplica a un cierto número, ¿es cierto para el siguiente? En otras palabras, consideramos los sucesores de los números a los que se aplica el patrón y comprobamos que el argumento se aplica a todos los sucesores. Cuando un matemático confirma estas dos cosas, hace de sus resultados una prueba de dos pasos: primero, muestra que la afirmación es verdadera para uno, y segundo, prueba que, si la afirmación es correcta para cualquier número, también debe serlo para el sucesor. La comunidad matemática comienza a aceptar la validez general de la afirmación hecha a partir de estas dos pruebas. El problema aquí es, "Por qué". ¿Cómo sabemos que una declaración que pasa por estos dos pasos debe ser generalmente verdadera? Vale, hay varias formas de "decir" esto.

Imagina una larga línea de tejas tan cerca una de la otra que tu vecino también se derrumbará si alguna de ellas se cae. Ahora, si alguien deja caer el primero, podemos ver claramente que todos los azulejos caen. Lo mismo ocurre con los números. Si una declaración es verdadera para 1 y es verdadera para el sucesor de cada número, debe ser verdadera para todos los números. Sabemos que la afirmación es cierta para uno y sabemos que desde el paso dos debe ser cierta para el sucesor, que es dos, después de todo, hemos demostrado en el paso dos que la afirmación es cierta para los seguidores de todos los números para los que es verdadera, por lo que también debe aplicarse al sucesor de uno, que es 2. Ahora que esto se aplica a 2, desde la fase dos, también debe extenderse a 3; y para 4, y para 5,..., y 1000, y 1000.000.000,... Hubo un error. Y... Y... Bien, números reales para todos.

Hay una forma indirecta de verlo, también, y lo encuentro más fascinante personalmente. Depende de un hecho muy simple sobre los números naturales: Si eliges esos números naturales, independientemente de cuántos sean, debe haber el más pequeño de ellos. Por ejemplo, si elijo el número de estudiantes de mi clase, todo el mundo puede ver que debe haber un estudiante con el menor número de admisiones. Bastante básico. Simplemente. Esto se llama la propiedad de los números naturales. ¿Este simple hecho vale un título separado? Vale, y en un rato, verás "por qué".

Bueno, la propiedad de los números naturales implica que el método de inducción matemática es, de hecho, una prueba válida de la verdad de las afirmaciones generales con los números. Supongamos, por el contrario, que hay una afirmación que ha pasado esta prueba y que para ciertos números naturales sigue siendo incorrecta. Si tales números existen, deben ser los más pequeños. Nómbralo. Llámalo S. No puede ser 1 por el primer paso. Por lo tanto, debe tener un predecesor; llámelo p. Como s es la más pequeña para la que la declaración es falsa, p debe ser verdadera, ¡y así debe ser también para su sucesor en el paso dos! Eso no es posible; por lo tanto, la existencia de esos números para los cuales la reclamación es falsa es imposible - su existencia significará la existencia de uno de ellos, el más pequeño de ellos, cuya existencia es imposible porque la reclamación debe ser tanto verdadera como falsa. Una declaración muy inteligente, de hecho.

La idea de este enfoque es genuinamente innovadora, y la creatividad de la persona que lo desarrolló puede ser admirada. Me gustaría terminar este capítulo mencionando algunas aplicaciones interesantes. Los detalles de tales aplicaciones se pueden encontrar en el libro de Matemáticas Discretas y sus aplicaciones de Rosen. Puede utilizarse para las emisiones postales. Por ejemplo, con este método, podemos probar que cualquier 12 centavos o más se puede hacer usando una estampilla de sólo 4 centavos y 5 centavos. Del mismo modo, podemos probar que cada 0,8 centavos o más se puede crear con sólo 3 centavos y 5 centavos de sellos. Puede ser usado por los jugadores. Por ejemplo, podemos probar que el segundo jugador puede garantizar una victoria en un juego particular de dos jugadores. Puede ser usado para mostrar otros puntos que rodean los torneos de round-robin. Se utiliza comúnmente en la teoría de los números y en muchas otras ramas matemáticas. Se puede usar para mostrar que ciertos pisos pueden ser embaldosados con ciertos azulejos... El alcance de las aplicaciones es infinito.

Las ecuaciones matemáticas como evidencia de la hipótesis de simulación

¿Las ecuaciones matemáticas son prueba de la Hipótesis de Simulación?

El ingenio humano da las órdenes, y los físicos intentan descubrir las ecuaciones de la humanidad y averiguar dónde, cuándo y por qué están llegando. No obstante, los coeficientes y exponentes de esas ecuaciones parecen adoptar casi siempre valores bajos de números enteros, aparentemente contra toda probabilidad. ¿No es todo eso bastante extraño, y si es así, qué significa todo eso? ¿Cuáles son las consecuencias? Sólo se podría suponer que todos los datos preestablecidos y la prueba de que residimos en un entorno simulado como realidades virtuales sólo están explorando el código que controla estas ecuaciones y, por tanto, el Universo simulado por la máquina.

Toma cualquier ecuación matemática básica comúnmente usada en la física y la ciencia. Por supuesto, hay algunas muy conocidas como las ecuaciones de Maxwell, la Segunda Ley del Movimiento de Newton. Teorema de Pitágoras, la Segunda Ley de la Termodinámica; la Ley de Newton de la Comprensión Universal. La relación masa/energía de Einstein, la ecuación de la Relatividad General. Aunque la lista podría ampliarse, es lo suficientemente grande como para explicar mi siguiente argumento.

El punto central es el hecho de que los coeficientes y exponentes inherentes a esas ecuaciones parecen tomar sólo números enteros relativamente pequeños, o incluso media fracción si son fraccionarios.

¿Por qué todos los exponentes son casi universalmente bajos en total, normalmente dos números (algo al cuadrado) como el teorema de Pitágoras? ¿Por qué los coeficientes son casi uniformemente débiles, como en $F = ma$, y casi siempre por debajo de cinco (como en X o 2X o 4X)? A menudo son ambos (variables de bajo valor y exponentes) como en el caso de la relación masa-energía de Einstein o la regla gravitatoria universal de Newton. ¿Por qué todas las ecuaciones matemáticas son tan fundamentales, pero tan sencillas, que casi todos los estudiantes de secundaria son capaces de afrontarlas y resolverlas? La Madre Naturaleza no tenía que ser tan fácil para los estudiantes de secundaria, o incluso para los científicos profesionales. Es fácil imaginar un conjunto de arreglos mucho más complejo. ¿Por qué no sucedió? "El arte" parece estar involucrado en algún lugar del camino!

Si recuerdas lo diferentes que son los protones y los electrones, por lo demás, es bastante profundo. Sin embargo, si no te importa esto, la regla ideal para predecir el comportamiento de los gases es siempre: $pV = nRT$. ¡Qué sencillo! ¡Qué sencillo! Tanto los coeficientes como los exponentes son similares.

Algunos de los valores de ciertas constantes, como la velocidad de la luz, la carga eléctrica o el impar Pi cuando se pone el lápiz en el papel, pero esto es simplemente una función de las unidades que la gente creó y quiere usar y no tiene nada que ver con los valores absolutos que la Madre Naturaleza nos ha dado. Sin embargo, la Madre Naturaleza determinó que sus coeficientes y exponentes suelen ser simples números enteros de bajo valor cuando están presentes. Por lo tanto, la Madre Naturaleza determina la velocidad de la luz y los coeficientes y exponentes en todas las ecuaciones aplicables que se relacionan con la verdad de la velocidad de la luz; de lo contrario, las personas proporcionan y se adhieren a la velocidad de las unidades de la luz.

Cuando se usan ecuaciones matemáticas para calcular las palabras de la Madre Naturaleza, las cosas son relativamente sencillas, como en F= ma. Pero cuando se usan cálculos para aproximar lo que la gente trata de decir a otras personas, las cosas pueden complicarse, como traducir de millas a kilómetros, o de yardas a metros, o de yardas a millas. No es fácil cuando se convierten las temperaturas de Centígrados a Fahrenheit, o viceversa. Lo mismo ocurre al pasar de las onzas a los gramos o incluso de las onzas a las libras; de los galones a los litros; de los euros a los dólares, y así sucesivamente. Considere el desorden convirtiendo los segundos en minutos en horas, los días en semanas, etc. Los coeficientes de las relaciones o inventos humanos no son típicamente números enteros de bajo valor, en contraste con las leyes, valores y relaciones de la Madre Naturaleza.

De vuelta a la Mamá de la Naturaleza. Tomemos como ejemplo específico el descubrimiento de Einstein de la famosa relación entre masa y energía (Energía= masa por la velocidad de la luz). Por lo tanto, en las ecuaciones E, es UNA vez m, EXACTAMENTE y UNA vez c-cuadrado Exactamente y C-cuadrado Exactamente. Todos estos números EXACTAMENTE podrían haber sido otros números que habrían estropeado su simplicidad. Algo como E= 3,71 m al cubo por 9,39c a la potencia 6,6 es fácil de imaginar. Entonces, ¿por qué, por ejemplo, m es sólo 1 m y no una fracción de m (como 9/10 m) o un múltiplo de m (como 13 m) o una fracción de m (como 7 y 4/5 m)?

Centrémonos ahora en otro misterio o enigma específico. Una vez, pensamos que es c-cuadrado. El exponente no sólo está por encima o por debajo de "al cuadrado", sino que es 100% "al cuadrado" exactamente. ¿Por qué no al cubo o al cubo o al cubo, o por qué no tener un exponente para la c? C, la velocidad de la luz, es una propiedad fundamental que la Madre Naturaleza define. Claro, la gente podría inventar el C-cuadrado si quiere, pero ¿qué posibilidades hay de que el resultado sea el único valor posible, que pueda conectar masa y energía? Por supuesto, sólo tiene que haber un valor, pero de nuevo ¿cuáles son las probabilidades de exactamente c-cuadrado, un valor totalmente bajo, en este caso, dos? Parece tener un barril de miles de canicas verdes (todas las posibilidades potenciales de coeficiente/exponente que podría tener c) y una canica roja (el valor exacto es uno para el coeficiente y dos para el exponente), pero la canica roja triunfa. La Madre Naturaleza ha elegido el mármol rojo, y así los valores simples hacen la vida fácil para los físicos y los estudiantes de secundaria también. C-SQUARED parece improbable que sea un accidente aleatorio en mármol rojo que ha sido removido de un barril lleno de mármoles que de otra manera serían verdes. Así que si todo está planeado, significa que el diseñador* tiene un plan más deliberado de lo que la Madre Naturaleza podría hacer, y al diseñador también le gusta la simplicidad.

Se podría pensar que la relación entre la masa y la energía, dado que la Madre Naturaleza decretó esta relación, sería mucho más complicada que E = mc-cuadrado; una vez más, encuentro que cualquier estudiante de secundaria podría superar lo que la Madre Naturaleza ha decretado.

Hay otro enigma obvio en el suelo, y es que la velocidad tiene que ver con la relación entre la masa y la energía, si es que la hay. Es bastante diferente porque la velocidad es sólo la relación entre el tiempo y la distancia recorrida. Por lo tanto, las relaciones de distancia y tiempo en valor nominal están correlacionadas con las relaciones de masa y energía. ¡Sí! ¡Vaya! Como dije, eso no está nada claro. Uno podría preguntarse por qué algunas variables adicionales, como la carga eléctrica o la gravedad, no estaban involucradas en el gran esquema de las cosas.

Pero para complicar aún más las cosas, el rompecabezas continúa cuando se piensa que la velocidad de la luz puede variar dependiendo de si está en el vacío (como en el espacio) o en el aire, el agua o el cristal.

Debo mencionar, sin embargo, que todas estas NO son las propiedades relativas de las cosas con coeficientes y representantes muy grandes, muy grandes o muy bajos, que van desde el tamaño del Universo visible hasta el tamaño de un átomo; desde la masa de un agujero negro hasta la masa de un electrón; desde los regímenes de temperatura dentro de una estrella hasta la del espacio interestelar.

¿Quién es el desarrollador de las ecuaciones matemáticas que tienen coeficientes y/o exponentes básicos? Así que, obviamente, el dios todopoderoso no tiene que mantener las cosas simples, porque después de todo, todos nosotros los humanos, buenos hombres sin pecado, no necesitábamos y no queríamos averiguar nada, en cambio, tuvimos una eterna existencia idílica en el Jardín, convirtiéndonos en fértiles y siempre crecientes (aunque no matemáticamente**).

Por otro lado, un programador de software tiene que hacer las cosas tan simples como sea posible, y es un paso en la dirección correcta para mantener sus coeficientes y exponentes simples. Así que tenemos que elegir entre el plan de la Madre Naturaleza y el hecho de que sus pequeños números enteros son sólo por error para los exponentes y coeficientes.

** No hay nada en términos de matemáticas cuando se trata de tener una vida eterna y sin pecado mientras se crían como conejos en un área geográfica confinada. No importa cuántos árboles frutales haya. Ahora, sin duda, una deidad omnipresente lo había descubierto o algo así, ya que Adán y Eva fueron exiliados antes de que las cosas se salieran de control. ¡Quizás esa pelea en Garden fue un arreglo o arreglo todopoderoso!

La matemática de la comunicación persuasiva

Las matemáticas y la comunicación efectiva -escribir y hablar en público- parecían tener poco en común a primera vista. Después de todo, las matemáticas son una ciencia empírica, en la que intervienen la calidad de la voz, la inflexión, la interacción con los oídos, el temperamento, el lenguaje corporal y otros elementos subjetivos.

Sin embargo, son bastante similares al agua.

Por encima de todo, la calidad de una presentación oral dependía de la precisión de la estructura. Las matemáticas se basan en la precisión. Por lo tanto, no es tan sorprendente creer que la aplicación de algunos conceptos matemáticos a las presentaciones orales podría hacerlas significativamente más exitosas.

Como dicen en la industria del cine, una película de éxito tiene tres factores principales: el director, el guión y el guión. Del mismo modo, la estructura, la estructura y la estructura son tres factores clave para una buena expresión.

¿No está persuadido? Entonces empecemos con un tema menos radical.

Supongo que todos podemos aceptar que un buen discurso tiene que ver con una buena escritura. Está en camino de planear un buen discurso oral si puede escribir un buen mensaje. Por lo tanto, también mejorará su expresión si mejora su escritura.

Para simplificar las cosas, hablaremos sobre todo de la buena redacción, porque los mismos principios se aplican directamente a las buenas palabras en la mayoría de los casos.

Saber lo que estás haciendo. La mayoría de las empresas no alcanzan su potencial y a veces incluso quiebran porque no pueden definir la empresa adecuadamente.

Las empresas de perfumería, por ejemplo, no comercializan productos perfumados, sino más bien una pasión, afecto, seducción, autoestima, etc. Las empresas de alimentos orgánicos no venden productos orgánicos, sino productos de justicia, limpieza, naturaleza, etc. Los fabricantes de coches no venden viajes, sino independencia, diversión, espontaneidad, reputación, etc. De hecho, cada industria, incluso cada producto, puede tener que determinar lo que realmente es - ¡hay miles!

Los escritores tienen suerte. Hay muchas variaciones en lo que hacemos, pero en realidad sólo hay dos estilos básicos de escritura. Es importante reconocerlo porque no sólo son bastante diferentes sino que en algunos aspectos son exactamente lo contrario. Por lo tanto, si no sabemos claramente qué tipo de escritura estamos haciendo, y cuán diferente es de la otra, es casi seguro que cometeremos graves errores.

¿Cuáles son los dos tipos? ¿Y en qué se diferencian? ¿En qué se diferencian?

Los textos incluyen historias cortas, novelas, poesía, obras de radio, obras de teatro, guiones de televisión, guiones de cine, etc. Escritura creativa. El objetivo básico de la escritura creativa es entretener y entretener.

Textos como memorandos, propuestas, informes, boletines, manuales de capacitación, etc. Escritura expositiva.

El propósito básico de la escritura expositiva es educar e informar.

Actitudes esenciales para la escritura expositiva Dado que los objetivos de la escritura creativa y la expositiva son tan diferentes, se debe adoptar la actitud correcta con respecto al tipo de escritura antes de elegir un botón.

Todo el mundo quiere leer, quiere saber lo que vas a escribir.

¿Quién no se divertirá y entretendrá, después de todo?

Nadie quiere leer lo que vas a escribir. Mentalidad de escritura expositiva

A mucha gente no le gustan los datos y la orientación. Probablemente preferirías hacer otra cosa.

La importancia de reconocer y adoptar un "escrito expositivo" no puede ser exagerada, porque la naturaleza misma de lo que se escribe puede cambiar drásticamente. Hay algunos ejemplos aquí.

A. Una vez me encargaron que escribiera un folleto de imagen corporativa. Dos cosas son ciertas sobre estos caros y brillantes folletos: o Casi todos los negocios de cualquier escala tienen que fabricarlos.

o Casi nadie los lee nunca.

Basado en el lugar donde nadie quería leer lo que iba a escribir, creé un folleto, no sólo leído por la gente. En realidad, llamaron a la compañía para pedir a amigos, clientes y colegas profesionales copias adicionales!

B. En otra ocasión,

Me pidieron que creara una campaña publicitaria para revitalizar una marca estancada. Usando la mentalidad expositiva, encontré que tres de los beneficios clave de la marca no fueron utilizados adecuadamente. ¿Por qué? ¿Por qué? El fabricante pensó que todo lo relacionado con su marca era significativo, por lo que durante años, insertó sistemáticamente estas tres grandes ventajas en la avalancha de otra información menos interesante para los posibles compradores. La nueva campaña se centró en gran medida en las principales ventajas; casi todos los demás datos se desplazaron hacia atrás o se omitieron. Como resultado, las ventas aumentaron aproximadamente un 40% en el primer año.

El mismo estilo de escritura expositiva puede y debe extenderse a hablar con algunas complejidades.

Un enfoque esencial de la escritura de exposición Porque la escritura creativa y la escritura de exposición tienen esencialmente diferentes objetivos y actitudes, y esencialmente necesitan diferentes enfoques.

Método de escritura creativa Juego de palabras para crear placer.

En otras palabras, usa tus habilidades lingüísticas para divertirte y entretenerte.

Enfoque de la escritura expositiva Para generar interés, organizar la información.

El uso inteligente del lenguaje nunca hará interesante la información tonta, pero para hacerla interesante, debes organizar la información. Olvídate de la pirotecnia en la literatura. Énfasis en el contenido.

Dejaremos la escritura creativa ahora porque la mayor parte de lo que escribimos y decimos es exhibicionista.

¿De qué estamos hablando con "buena escritura"?

Ahora estamos listos para volver a la teoría de cómo las matemáticas se relacionan con la buena escritura y el buen discurso.

Si alguien lee un expositor o escucha un expositor, puede juzgarlo como bueno o no bueno. Probablemente tú también lo estés haciendo. Pero, ¿qué quieres decir cuando dices "agradable" es un texto o un discurso?

Después de alguna dificultad, muchas personas normalmente se conforman con dos criterios: claro y conciso.

Las matemáticas se basan en definiciones claras; es dudoso que se pueda encontrar la solución si no se está seguro del asunto. Por lo tanto, revisaremos estos parámetros con cierto detalle para definir definiciones objetivas -incluso fórmulas cuasi-matemáticas- para evaluar si un texto o una presentación es realmente "bueno".

A. Claridad ¿Cómo saber que el texto es claro? Claridad

Si esto suena estúpido, intenta responder. Cualquier cosa como esta probablemente la harás: pregunta: ¿qué es lo que hace que este texto sea claro?

Respuesta: Es fácil de entender.

Pregunta: ¿Qué hace que la comprensión sea más fácil?

Responde: Es sencillo.

Pregunta: ¿Qué estás diciendo simplemente?

Responde: Está despejado.

En realidad terminas en un ring. El texto es sencillo, ya que es fácil de comprender porque es simple. Porque es simple. Porque está claro.

"Claro", "simple" y "fácil de entender" son sinónimos. Aunque los sinónimos pueden tener matices, no tienen contenido, pero aún así se tiene una apreciación subjetiva de ellos. Pero para alguien más, lo que crees que es obvio puede no estar claro.

Por lo tanto, damos una definición objetiva "clara", casi como una formulación matemática. Para aclarar, es decir, casi todos están de acuerdo en que está claro, tres cosas que tienes que hacer.

1. Enfatizar lo que es de suma importancia.

2. Reflexione sobre lo que es de importancia secundaria.

3. Eliminar lo que no tiene sentido.

Brevemente: CL= EDE Como todas las fórmulas matemáticas, ésta sólo funciona si sabes cómo aplicarla, y requiere de un juicio.

En este caso, debe decidir primero lo que es importante, es decir, ¿cuáles son las principales ideas que quieren sus lectores? No siempre es fácil hacer eso. Es mucho más fácil decir que todo es importante, así que lo pones todo en ello. Pero hay un dicho que advierte: si todo es significativo, entonces nada lo es. En otras palabras, no lo harán por ti a menos que primero describas lo que realmente quieres que tus lectores sepan. Se perderán en tu texto y se darán por vencidos o saldrán porque no saben lo que leen.

¿Qué hay de la segunda parte de la ecuación, quitando importancia a lo que es secundario?

Eso suena bastante rápido. No es necesario perderse en los detalles de las ideas e información clave. Cuando se enfatiza lo que es de crucial importancia, por medio de titulares, cursivas, acentos, o simplemente cómo se organizan los datos, todo lo que queda se desfatiza automáticamente.

Lo único que queda por hacer ahora es eliminar todo lo que sea insignificante.

¿Pero cómo puede distinguir entre lo secundario y lo no importante? Una vez más, esto requiere un juicio, que se confirma con la siguiente prueba muy importante.

La importancia secundaria es todo lo que apoya y/o desarrolla una o más de las ideas clave. Si consideras que una pieza de información realmente apoya o elabora una o más ideas clave, la retendrás. Si no, lo quitarás.

B. Descriptivo

¿Cómo sabes un texto descriptivo?

Si esto suena estúpido otra vez, tratemos de responder.

Pregunta: ¿Cuál es la brevedad de este texto?

Respuesta: Es corto.

Pregunta: ¿Qué es lo que te falta?

Responde: No hay demasiadas palabras. Responde:

Pregunta: ¿Cómo sabes que no hay demasiadas palabras?

Respuesta: Porque es corto.

Y terminamos dando vueltas en círculo otra vez. El mensaje es corto porque es breve. Porque no hay demasiadas palabras. Porque es breve.

Finalmente, casi tenemos una fórmula matemática para resolver el problema. Para ser descriptivo, el texto debe cumplir dos requisitos. Debe ser como sigue: 1. 1. Largo como sea necesario 2. Corto como sea posible En los símbolos: CO= LS Si has cumplido correctamente los criterios de "claridad", ya entiendes "tanto tiempo como sea necesario". Significa cubrir todas las ideas clave que ha identificado y todas las ideas secundarias necesarias para apoyar y/o desarrollar estas ideas clave.

Tenga en cuenta que el número de palabras no se dice aquí, porque es irrelevante. Si se requiere que 500 palabras sean "tan largas como sea necesario", se deben usar 500 palabras. Si toma 1500 caracteres, también está bien. Lo importante es que todo en el documento está ahí en su totalidad.

Entonces, ¿qué significa "lo más corto posible"?

Además, con el número de palabras, esto no tiene nada que ver. No es necesario decir al principio: "No puedo escribir más de 300 palabras al respecto", ya que el mínimo requerido puede ser de 500 palabras.

No debemos ser estáticos. Esto no debería ser rígido. Si se puede hacer en 500 palabras y se usan 520 el tiempo que sea necesario, probablemente sea una cuestión de estilo individual. No es negativo. Pero si usas 650 letras, es casi seguro que el texto no estará limpio, y el lector se confundirá y se aburrirá o se perderá.

En resumen, la concisión significa decir en el menor número de palabras lo que hay que decir. Conciso: o Ayuda a la transparencia manteniendo una mejor estructura de información.

o El interés se mantiene

Un lector que proporciona el máximo de información en un tiempo mínimo.

C. Densidad

Es un término menos común que el de simplicidad y descriptivo, pero igualmente importante. La densidad en forma matemática es 1. Información precisa 2. Lógica relacionada En otras palabras: D= PL Datos exactos

Importancia Imagina que entras en una habitación con dos personas más diciendo: "Hoy hace mucho calor". Uno de ellos viene de Helsinki; él lo interpreta como "caliente" para significar alrededor de 23 ° C. El otro viene de Jartum y significa 45 ° C para él "caliente".

Vas a tener un mal comienzo porque cada uno tiene una idea completamente diferente de lo que quieres decir. Sin embargo, supongamos que dices: "Hoy hace mucho calor; el clima es de 28 ° C". Ambos sabemos muy bien que afuera hay 28°C y que piensas que esto es muy cálido.

El escritor tiene dos ventajas principales con el uso de la mayor cantidad de información detallada posible en un texto: o Control mental No nos avergoncemos del término "control mental" porque eso es exactamente lo que el buen autor expositivo quiere. Sólo quiere que el lector vaya a donde él lo dirige y a ningún otro lugar.

Porque podrían ser interpretados de maneras no descubiertas, términos ambiguos como frío, caliente, pequeño, grande, malo, bueno, etc. ("palabras de comadreja") permiten a la mente del lector escapar del control del autor. Ocasionalmente, sin embargo, demasiadas palabras de comadreja en un texto conducirán inevitablemente a la confusión, el aburrimiento y la falta de interés de los lectores.

Lector O

Confianza El uso de información precisa crea confianza porque asegura al lector que el autor sabe realmente de qué se trata.

La confianza del lector en cualquier tipo de texto es importante, pero en la argumentación, es clave. Lo último que quieres si quieres ganar es que el lector desafíe tus datos, pero esta es la primera reacción imprecisa a la escritura. La forma escrita precisa asegura que la discusión se basa en las consecuencias de la información, es decir, qué conclusiones deben extraerse, y no si todo el asunto debe ser investigado más a fondo.

Importancia de los vínculos lógicos La información precisa (hechos) es inadecuada en sí misma. Para que un pedido de datos sea pertinente, la información debe estar estructurada de manera que el lector pueda comprenderla.

Se necesitan dos pruebas importantes para la conversión de datos en información:

1. Relevancia

¿Es necesario un dato específico? Como vimos, los datos innecesarios dañan la comprensión y eventualmente socavan la confianza. Por lo tanto, cualquier dato que no ayude a comprender ni promueva la confianza debe ser eliminado.

2. Conceptos erróneos

Para evitar que el lector saque conclusiones erróneas, debe hacerse explícita la relación lógica entre la información. Por ejemplo, un determinado escenario puede resultar confuso para el general; el crédito por los logros puede parecer que sólo pertenece a una persona si pertenece a un grupo real; la política de la empresa puede parecer que se aplica sólo a circunstancias muy específicas, y no en todos los casos, etcétera.

Si la información está ampliamente aislada, su relación lógica es borrosa y el usuario no puede establecer un vínculo.

¿Qué es lo que quieres? ¿Qué es lo que quieres? ¿En qué están interesados sus lectores?

A veces pido a escritores no profesionales cuando se sientan en el teclado que escriban su mensaje. La respuesta suele ser: "¿Cómo puedo mostrar mis cosas?" "¿Qué estilo y tono debo usar?" "¿Cómo debo colocar mis pensamientos clave?" Y así sucesivamente.

Sin embargo, nadie quiere leer lo que escribes. Si empiezas con la actitud correcta, tu primera tarea no es ninguna de estas. Encontrarás razones por adelantado para que la gente pase su tiempo leyendo lo que publican.

Típicamente, no puedes forzar a la gente a leer lo que no quieren, aunque estén pagando.

Por ejemplo, se elabora un informe que identifica las perspectivas de mejora de las ventas y los beneficios. Sin embargo, incluso las personas que necesitan leerlo como parte de su trabajo son reacios a prestarle toda su atención si no está correctamente escrito. Por otra parte, usted felizmente y con plena atención si ve su propio valor para leer lo que ha escrito de inmediato. Desgraciadamente, es posible que no les impida leerlo.

Según el tipo de lector y el tipo de información, hay diferentes métodos para producir un deseo tan fuerte de leer.

Cualquiera que sea la unidad más adecuada, es importante entender la necesidad de usarla. Nada más tiene valor hasta que esta necesidad sea satisfecha.

CAPÍTULO TRES

El placer de aprender matemáticas

Las matemáticas son una fobia para muchos estudiantes en forma de miedo a las serpientes, lagartijas, ascensores, lluvia, insectos, hablar en público y las alturas. Aunque la "aflicción" no es ni hereditaria ni infecciosa, es "heredada" por sus padres y "atrapada" por su familia. ¿Cuáles son las razones detrás de la terrible reputación de las matemáticas, que divide a la sociedad en "tiene" y "tiene" matemáticas?

"Una de las razones por las que los estudiantes se vuelven malos en matemáticas es que las aprenden automáticamente, a menudo no entienden lo que saben y no pueden ponerlas en práctica", dice Vijay Kulkarni, jefe del Primer Informe Anual sobre la Situación de la Educación (ASER), recientemente publicado por la popular ONG Pratham, Bombay.

Explicando el escenario de insatisfacción descrito, particularmente en matemáticas-40, el 2% de los niños de 7 a 10 años no pueden retirarse- Kulkarni dice que los niños están aislados porque la estresante enseñanza convencional en las escuelas ha reducido la alegría del aprendizaje y ha convertido a las escuelas en fábricas robóticas.

Lejos de la experiencia cotidiana de los estudiantes, los métodos de enseñanza obsoletos y los planes de estudio anticuados contribuyen poco a la comprensión del tema por parte de los estudiantes. La inteligencia se calcula a menudo por las notas que tiene en matemáticas, y su confianza en sí misma se ve disminuida ya que es tonto puntuar menos.

Cuando se aprende de la manera correcta, puede ser simple, agradable y asombroso aprender matemáticas con su inherente y encantadora armonía y orden. Todos los padres y profesores demostrarán que es divertido estudiar matemáticas. Sus expresiones de curiosidad, asombro y disfrute son esenciales para el interés del niño en el tema.

"Los padres son los primeros cuidadores de los niños. Empezarán a jugar con los números incluso antes de que los niños puedan ser oficialmente inscritos en los jardines de infancia antes de la escuela. Los niños son naturalmente imaginativos y están ansiosos por explorar el mundo jugando con sus objetos: ver, tocar, oír, saborear y oler, organizar objetos, juntar cosas o desmontarlas. A través de esta experiencia, los niños entienden intuitivamente su entorno.

Sugerencias del Dr. Thomas: Reúne cuentas de diferentes colores y dile a los niños que ensarten dos cuentas de dos colores, por ejemplo, alternadamente. Diles que traigan bolas rojas y verdes y que hagan el mismo número de bolas en dos pilas. Otro juego podría ser arreglar tres o cuatro líneas de cartas. Ambos ejercicios alentarán el pensamiento estadístico y ayudarán a hacer que nuestros amigos sean números.

Mientras que las otras ciencias tienen ciertas manos en la práctica incluida en el plan de estudios, y la idea de un laboratorio de física, química o biología es popular, las matemáticas se siguen enseñando sólo por el proceso de tiza y charla,' dice el Dr. N. Gananath. "Esto es particularmente desafortunado porque las matemáticas sólo se pueden comprender cuando un niño entiende el concepto de peso y volumen, forma y longitud, número y patrón de primera mano", dice.

El Dr. Gananath ha desarrollado kits de matemáticas que ilustran muchos conceptos matemáticos complicados, como el valor de lugar, los decimales o las fracciones, con gráficos, diagramas y juegos. Toma una hoja, firma las longitudes a y b, y completa las ecuaciones $(a+b)^2$ y $(a-b)^2$ en minutos doblando el papel adecuadamente. Estas instrucciones basadas en actividades promueven el pensamiento, fomentan el diálogo o la búsqueda de posibles soluciones a los problemas. Por otro lado, la educación escolar tradicional parece dar la impresión de que sólo hay una manera de resolver un problema particular.

Muchas organizaciones, como la Fundación Akshara y la Fundación Azim Premji, han estado trabajando con el gobierno con fondos de grandes empresas, utilizando computadoras para captar la atención de los niños rurales aburridos, estimular su interés y creatividad. Sin embargo, no es fácil utilizar el ordenador para ayudar a enseñar de forma eficaz. Requiere una buena planificación y diseño; de lo contrario, si todo lo que hace es reemplazar el texto sin sentido por animaciones vibrantes, podría convertirse en un costoso sustituto del aprendizaje memorístico.

La TI puede utilizarse de forma innovadora para fomentar el aprendizaje en línea, como ha hecho la Oracle Education Foundation, que ha creado un entorno educativo basado en la web, think.com, para Bangalore y otros profesores y estudiantes. Permitió a los estudiantes y a los profesores construir páginas web personales y conectarse o hablar entre ellos a través del correo electrónico y los tablones de anuncios. El sitio web ha aumentado la imaginación de los estudiantes y ha hecho que los profesores sean más sensibles y abiertos.

Los juegos y los rompecabezas son una forma segura de ayudarte a aprender. Cuando éramos niños, nos hablábamos del rompecabezas: una vaca, un tigre y un montón de hierba deben ser transportados por un río en un barco que sólo puede llevar uno de los tres a la vez. Ya que el burro está consumiendo la hierba y el tigre está comiendo Si dejas a la cabra sola, ¿cómo vas a conseguirlas una por una y salvar sus vidas? El ejemplo clásico de un pueblo de dos tribus, una que siempre dice la verdad y la otra siempre dice mentiras, tiene una forma de pensar racional similar. Verás un miembro de cada tribu cuando llegues al punto en que el camino se bifurca en dos senderos, uno en un tesoro y el otro en la muerte. Si puedes hacerle una sola pregunta a uno de ellos, ¿a quién se lo vas a preguntar y qué vas a pedir para conseguir el tesoro?

Rompecabezas como este abrirán mucho debate. Las lecciones aprendidas no se olvidan fácilmente; se aplican cuando hay una situación similar.

Para encontrar métodos para la solución de problemas, el entrenamiento debe estar guiado por principios generales. El conocimiento obtenido por la memoria rotativa nunca se transfiere a nuevas situaciones, aunque sea idéntico.

Las aulas centradas en el profesorado en las que prevalece el profesor se convertirán rápidamente en una cosa del pasado. Los maestros deben ser facilitadores del aprendizaje; deben alentar el pensamiento que lleve al autodescubrimiento para que el niño experimente la pura alegría de aprender.

Hay muchas conexiones entre la música y las matemáticas

Si no pensabas que la música era un lenguaje matemático, piénsalo de nuevo. En realidad, la música y las matemáticas están muy entrelazadas, así que se podría asumir que una no podría existir sin la otra. Aquí discutimos una relación que muestra claramente la fuerza de este vínculo. Que empiece la música.

La escala diatónica es bastante común para aquellos con un conocimiento limitado de la música. Para entender por qué algunos pares de notas no suenan bien juntos, hay que mirar los patrones de las ondas sinusoidales y la física de las frecuencias. La onda sinusal es uno de los patrones de onda más importantes en las matemáticas y se muestra por una regularidad suave y alternante. Este patrón de onda básico puede explicar muchos fenómenos físicos y del mundo real, incluyendo muchas de las propiedades tónicas fundamentales de la música. Muchas notas musicales suenan bien juntas (musicalmente, esto se denomina armonía o consonancia) porque, en algunos intervalos, sus patrones de ondas sinusoidales se refuerzan mutuamente.

Si tocas el piano, la forma en que cada nota te suena depende de cómo esté afinado tu instrumento. Hay varias formas de afinar los instrumentos, y estos métodos se basan en principios matemáticos. Las afinaciones se basan en múltiples frecuencias, y como resultado, estos múltiplos deciden si los grupos de notas suenan bien juntos y en cuyo caso, concluimos que estas notas están en armonía o mal juntas.

De donde empiezan a provenir todos estos múltiplos, dependen los criterios establecidos por el fabricante, y en la actualidad estos fabricantes observan ciertas normas. Sin embargo, a pesar de los criterios, los múltiplos son inherentemente matemáticos. Por ejemplo, los estudiantes estudian una serie de números en matemáticas más avanzadas. Una secuencia es sólo un patrón numérico definido por una cierta ley. La serie armónica es una de las series famosas. Incluye números recíprocos, es decir, 1/1, 1/2, 1/3, 1/4... La serie armónica sirve como un conjunto de criterios para ciertas afinaciones, una llamada entonación pitagórica en particular.

Las notaciones están afinadas de acuerdo con "la ley de la quinta perfecta" en la entonación pitagórica. Una quinta perfecta involucra "el rango armónico" entre las notas Do y Sol. Las notas entre Do y Sol son Do #, Re, Re #, Mi, Fa, Fa #, y Sol de nuevo, sin intentar convertir esta sección en un tratado de teoría musical. El "hueco" entre las notas se llama medio paso. Una quinta perfecta, por lo tanto, comprende 7 medias tintas, C-C #, C#-D, D-D #, D#-E, E-F, F-F #, y F#-G. Si numeramos las notas en una secuencia armónica de música, la suma asignada a la nota Do y a la nota Sol es siempre 2:3. Las frecuencias de estas notas están afinadas para que coincidan con sus proporciones de 2:3. En ese caso, la frecuencia de las notas C es de 2/3, la frecuencia de las notas G, o viceversa; la frecuencia de las notas G es de 3/2 la frecuencia de las notas C, que se expresa en ciclos por segundo o en hercios.

Hoy en día, después de una perfecta quinta afinación, la quinta sobre sol es re. Si la quinta relación es la mejor, la nota re se ajusta a una frecuencia que es 3:2 la frecuencia de sol o la nota sol es 2/3 la frecuencia de la nota re. Procederemos de la misma manera hasta completar lo que se conoce como el Círculo de la Quinta, añadiendo proporciones sucesivas de 3⁄2 a la nota anterior en el proceso. La frecuencia del segundo Do o de la nota de Do de la octava superior doblará precisamente la frecuencia de la nota de Do inferior cuando se haga. Este es un requisito previo para cada octava. Pero esto no se logra añadiendo esta proporción de 3/2.

Los músicos han rectificado este problema usando sólo números irracionales. Recuerde que esos números no terminan y no repiten sus representaciones decimales, como el número pi o la raíz cuadrada de dos. Por lo tanto, como resultado del fracaso en la producción de octavas perfectas en el sistema de afinación de Pitágoras, se desarrollaron técnicas de afinación para evitar esta situación. Se llama "afinación de" temperamento igual, "que es el método estándar para la mayoría de las aplicaciones prácticas". Lo creas o no, este enfoque de sintonía involucra los poderes racionales del número dos. Eso es correcto: los poderes fraccionarios del número dos. Así que si piensas que has estudiado un exponente racional para nada en la clase de álgebra, aquí tienes un ejemplo de cómo se usa este tema en la vida real.

La misma afinación del temperamento funciona así: cada nota tiene una frecuencia multiplicada por doceavas partes de dos raíces a lo largo de su octava para alcanzar el siguiente punto alto. Es decir, si empezamos con la nota La estándar, que a 440 Hertz vibra, digamos, multiplicamos este 440 por $2^{(1/12)}$. Como la duodécima raíz de dos es igual a 1'05946, A # se fijaría en 440* 1'05946 o 464.18 Hertz. La afinación, por lo tanto, continúa con la siguiente nota Si obtenida en $2^{(2/12)}$*440. Recuerda que somos que cada vez que la duodécima potencia por dos por 1, con la potencia de 2 por 1/12, 2/12, 3/12, etc. Lo que es bueno del proceso es su precisión, en contraste con la inexactitud de la técnica de entonación pitagórica previamente discutida. Si llegamos a la octava, la siguiente A por encima de la A regular, que se espera que vibre a una frecuencia dos veces mayor que la A 440 de los hertzios originales, obtenemos una octava = 440* $2^{(12/12)}$, que es 440* 2= 880 hertzios, exactamente. Como hemos señalado anteriormente, el uso repetido de la relación 3 a 2, al sintonizar con el proceso de Pitágoras, no implica que sea necesario dar cabida a la inexactitud de este enfoque. Estos arreglos llevan a diferencias perceptibles entre ciertas notas y claves.

Este ejercicio de afinación demuestra que las matemáticas y la música están bien conectadas, y se puede concluir que estas dos disciplinas son inseparables. La música es realmente matemática, y las matemáticas son, sí, musicales. Dado que muchos piensan que el talento musical se origina en los tipos "creativos" y la capacidad a los matemáticos de los tipos "nerds" o no creativos, este capítulo a menudo ayuda a la gente a lamentar la misma noción. La pregunta, sin embargo, sigue siendo: si hay dos campos obviamente diferentes como la música y las matemáticas felizmente casados, ¿cuántos otros campos están relacionados con este fascinante tema, que al principio no parecen tener nada que ver con las matemáticas. Piensa en eso por un tiempo.

Pulse abajo para ver cómo sus habilidades matemáticas fueron usadas para crear una hermosa colección de poesía de amor. Entonces verás los muchos lazos entre las matemáticas y el amor.

Los colores matemáticos de la tecnología de supervivencia humana

Desde mediados del siglo XVIII hasta mediados del siglo XIX, la era romántica de las artes fue influenciada por los principios de la antigua ciencia moral olvidada. A sus gobernantes les preocupa que la gente se transforme en una sociedad estéril y mecanicista. El filósofo de la ciencia Wolfgang von Goethe afirmó que Isaac Newton había abusado de la ciencia del color para reducir todo a una realidad mecanicista en blanco y negro. La teoría de la percepción del color del lenguaje de Goethes fue revigorizada en el 2012 por el físico del lenguaje Guy Deutscher como una obra del año' A través del cristal del lenguaje'. Sin embargo, pocas personas se dan cuenta de que Isaac Newton simplemente refutó el concepto de que tal vez la teoría mecánica de un universo es integral y, al igual que los románticos, se basó en la misma ciencia ética perdida.

Durante la Era Romántica, el trabajo de otros poetas y artistas que atacaron a Newton como resultado de la descripción de un universo mecánico se ha convertido en un tema crítico para la supervivencia humana. Es un logro destacado que el Fondo Mundial para las Artes de Rusia haya asumido el papel de rejuvenecer la tradición de la ciencia y el arte de la época romántica de ayer en 2017.

El genio matemático de Newton abogó por una explicación más amplia del universo que la de un mundo mecánico sin existencia. La ciencia, la economía y la religión aprobaron el modelo mecanicista, que fue la base sobre la cual la falsa mecánica cuántica se derivó de la visión mecanicista del mundo de Newton. La ideología política y de negocios, así como la persuasión religiosa, se han apoderado de nuestra desequilibrada ciencia moderna. Junto con los científicos, las instituciones religiosas negaron que el ciclo de la vida progresa hacia el infinito, evocando leyes bíblicas para hacer cumplir sus creencias. La antigua investigación moral perdida no pudo llegar por sí misma antes de que llegara el momento de comprender el ADN humano vivo. La mecánica cuántica puede ahora completarse explorando su relación con la ciencia de la biología cuántica.

El documental televisivo 'Los Colores del Infinito' de Arthur C Clark trataba del descubrimiento de las matemáticas fractales infinitas de Benoit Mandelbrot. En la película se comentaba que la evolución de la civilización no estaba incluida en la intención de un universo infinito. Esto se debe a que la ciencia dominante está impulsada por el "Principio Universal de Muerte por Calor", que establece que todo el calor del universo debe irradiar en el espacio frío y que toda la vida en el universo tiene que terminar.

Georg Cantor, el matemático más conocido de la historia, es también el matemático más enfadado de la historia por atreverse a desafiar el cultivo científico internacional de la muerte. Su declaración de que un miedo disfuncional al infinito infectó las mentes de los científicos en los tiempos contemporáneos creó una ciencia y una religión internacionales. Matemáticos de renombre mundial se opusieron firmemente a tal pronunciamiento, y se combinaron para denunciar salvajemente su teoría de que el ciclo de la fuerza vital se desarrollaría hasta el infinito. Famosos y exitosos líderes religiosos se sorprendieron por la creencia científica de Cantor de que sólo el Dios Supremo podía conceder el acceso al infinito. Los líderes religiosos de los diferentes dioses estaban preparados para luchar hasta la muerte mientras los soldados valientemente mantenían su sagrada responsabilidad de proteger su participación en el culto a la muerte del mundo.

Un artículo del Asesor Científico del Instituto de Física de Belgrado, Petar Grujic, publicado por el Proyecto de Alta Energía de la NASA, revela que las antiguas matemáticas griegas introdujeron elementos de lógica fractal infinita. El embrollo de las viejas ideas matemáticas condujo a una ciencia política atómica ética que se refiere vagamente a la evolución del conocimiento moral infinito y a los ideales democráticos dirigidos. Esta ciencia propuesta fue diseñada para guiar una forma ennoblecedora de gobierno a fin de hacer de las civilizaciones parte de un objetivo ético universal. La investigación fue necesaria para evitar la extinción de los enormes restos fosilizados de antiguas formas de vida que no habían sobrevivido a la carrera de armas y dientes. En la República de Platón, las antiguas teorías atómicas habían avanzado hasta la etapa en que los platonistas definieron el "mal" como una propiedad atómica destructiva que puede resultar en la destrucción de la civilización. La ciencia atómica pagana perdida merece nuestra atención inmediata. Debemos combinar las emociones matemáticas atómicas de naturaleza destructiva con las matemáticas atómicas de lo que los antiguos griegos consideraban emociones matemáticas virtuosas.

Las matemáticas griegas que regían el desarrollo atómico ético tenían la idea de que el ciclo lunar de 28 días afectaba al desarrollo del ciclo de la fertilidad femenina. Sostenía que las vibraciones armónicas de la luna resonaban con los átomos del espíritu de una madre para explicar su amor ético y su compasión por los niños. La lógica matemática de un viejo indio no ha sido tan abstracta como la noción de una realidad viva de las matemáticas. Las matemáticas sánscritas, desarrolladas antes de la ciencia política griega, aludían a la tecnología futura derivada de las matemáticas del infinito. Sin embargo, la cultura de muerte por calor termodinámico que prevalece hoy en día no impide un análisis apropiado de la historia de esta tecnología.

El armonioso sistema matemático griego pertenecía al "Canto de la Esfera", que el científico Johannes Kepler utilizó para sus famosos descubrimientos en astrología. Desde entonces ha habido suficientes hallazgos científicos para probar que el conocimiento termodinámico del culto a la muerte por calor que gobierna cada aspecto de nuestra forma garantizada de extinción es simplemente un concepto absurdo. En la década de 1980, investigadores australianos mostraron que esta era una situación absurda.

En 1979, el físico chino Kun Huang, el más premiado en ciencia, dio a los científicos australianos la técnica para determinar la fuerza vital del crecimiento y desarrollo de los caracoles marinos. Han demostrado que nuestra ley de extinción es lo que el matemático Cantor dijo que era un fracaso neurológico en el pensamiento científico.

Las formas de vida del caracol marino han vivido y no se han extinguido en 50 millones de años. En toda Australia, las matemáticas de la Antigua Grecia Infinita han sido construidas en una máquina durante 50 millones de años para producir modelos evolutivos de conchas marinas. Las simulaciones por computadora coincidieron perfectamente con el lenguaje computacional dentro del registro fósil. Las matemáticas disfuncionales que mantienen nuestra cultura termodinámica de la muerte sólo pueden crear modelos de conchas marinas deformadas o cancerígenas en el futuro. La ley que rige la evolución equilibrada a través del infinito, por lo tanto, pertenecía a los mensajes matemáticos de la criatura viviente en la concha marina.

En 1990, el IEEE, con sede en Washington, fue la mayor organización técnica del mundo con estrellas como Louis Francis y Pasteur Crick. Sin embargo, los principales científicos que estaban en contacto con la cultura termodinámica del Gobierno australiano se volvieron extremadamente hostiles ante esta simple observación fáctica.

Después de que la Unidad de Ciencias del Commonwealth de la Televisión Nacional Australiana iniciara en 1979 una animadversión hacia la predicción de que el trabajo con conchas marinas era socialmente importante, que registra la historia de la investigación del programa de proyección internacional, The Scientists-Profiles of Discovery. En 1986, los investigadores y los funcionarios de arte del gobierno se unieron para señalar en el decenio de 1980 los verdaderos resultados de las conchas marinas de la principal revista científica de Italia, Il Nuovo Cimento. A principios de 2009, detuvieron abruptamente su incesante deterioro de la obra de arte científico cuando la Academia de Ciencias de Londres les concedió una beca de la Medalla de Oro.

Otro aspecto tenía en común eran las ideas científicas y artísticas del biólogo molecular Sir C P Snow en la conferencia de la Universidad de Cambridge de 1959 y la "Carta a la Ciencia", redactada por Szent Gyorgyi, premio Nobel de investigación sobre el cáncer, publicada en 1974. Todos afirman que la actual y anticuada comunidad científica termodinámica es parte de la mentalidad primitiva de nuestros antepasados del Neolítico.

La profunda disparidad entre el lenguaje psicológico y matemático ético y no ético es ahora muy clara. En combinación con la vibración de sonido y color, las matemáticas de la máquina de póquer generarán un fuerte deseo emocional de convertirse en bancarrotas financieras y morales. Gobiernos plutócratas (gobierno por los ricos), que continuamente hacen guerras de póquer e inmorales. Utilizan esta engañosa tendencia matemático-artística, formando alianzas para preservar la influencia del mundo para la protección revolucionaria del pueblo al que sirven.

La posterior negación del daño sufrido por el desarrollo continuo de las víctimas de la quiebra refleja simplemente la dura realidad de la aparentemente natural ley de supervivencia del paradigma del más fuerte. Sin embargo, el punto clave es que el paradigma de la máquina de póquer se predijo correctamente que se basaba en falsas creencias psicológicas para la investigación de la antigua Grecia.

En 2010 fue necesario fusionar la controvertida labor australiana en colaboración con Quantum Art International con la investigación biológica cuántica sobre el cáncer. Esto condujo al descubrimiento, mediante la producción masiva de equipos de comunicación e información, de antídotos para la epidemia mundial de información científica ilusoria disfuncional.

Hubo pruebas visuales significativas del potencial técnico del antídoto. La cura invierte el proceso, lo que resulta en que la mente manipule los colores de un cuadro, en contraposición a la máquina de póquer diseñada para controlar las vibraciones de color. El campo eléctrico psicológico que induce este fenómeno puede verse ahora visualmente.

En 2016, bajo los auspicios del Fondo Mundial para las Artes, ganaron su primer premio, que fue presentado junto con las obras de arte pertinentes en el Concurso Internacional de Arte Contemporáneo de Rusia. En 2017, el Presidente del Fondo para las Artes Mundiales recomendó al fundador de Quantum Art International la creación de un proyecto de investigación científico-artística para mejorar la situación humana en todo el mundo.

El "mal" mencionado puede considerarse ahora como un tipo de cáncer neurológico que amenaza la globalización en la ciencia ética y política de Platón. Se puede argumentar que un poderoso complejo militar ayudaría a implementar la cura a través de una diplomacia militar suave, intercambiando tecnología de información mutuamente beneficiosa con otras naciones. Desde el punto de vista del ADN de que los humanos pueden ser vistos como miembros de una raza, esta diplomacia puede trascender las violentas y fanáticas creencias religiosas. En términos de ADN, las personas que atacan a los humanos son claramente un tipo de cáncer neurológico no productivo. La simple programación de la visión disfuncional del mundo combinada con los datos del antídoto permite crear simulaciones de planes de supervivencia en lugar de formas de vida de la concha marina para los seres humanos.

Para resumir, Sir Isaac Newton definitivamente no creía que el universo estaba representado mecánicamente. En su 28° debate de preguntas, bajo el riesgo de que la Iglesia fuera marcada por su afirmación, publicó que aquellos que creían que la masa de objetos en el espacio inducía la gravedad eran imaginarios y sin lógica. Además, afirmaba que la ciencia de la materia era más definitiva de la antigua ciencia griega. Los estudios de los grandes eruditos de la Edad de

Oro del Romanticismo también tuvieron su moralidad sacada de esta vieja ciencia.

Cómo desarrollar excelentes estudiantes de matemáticas

Fue una época en la que los EE.UU. tenía una de las mejores calificaciones académicas del mundo para los estudiantes de k a 12. Desde entonces, se han producido muchos cambios, y para ayudar a los niños a volver a ser estudiantes de matemáticas con éxito, los padres tienen un papel importante que desempeñar. Los padres pueden ayudar a desarrollar muchas de las habilidades básicas necesarias para que los niños sobresalgan en matemáticas cuando van a la escuela. Las familias pueden hacer algo que ayude a la educación, y las escuelas probablemente puedan hacer el resto.

Un padre necesita jugar un papel clave en el proceso de aprendizaje para desarrollar un niño con fuertes habilidades matemáticas. Además de los padres, los maestros y otros miembros de la familia son muy importantes en el desarrollo de las matemáticas de un niño. Los maestros de primaria y los padres, en particular desde el jardín de infancia hasta el cuarto grado, juegan el papel más importante en el desarrollo matemático del niño. El tiempo dedicado a estudiar matemáticas en la escuela, o no puede ser sustituido. Los padres se asegurarán de que el profesor de matemáticas esté bien informado y sea un buen maestro. Cualquier otra cosa podría causar una gran pérdida para los niños. El educador en el que los padres confían para enseñar matemáticas a sus hijos es una persona que desafía a sus hijos sin importar su edad. El maestro debe inspirar a los niños a esforzarse además de los obstáculos. Los niños deben saber que su instructor se preocupa y no sólo hace un trabajo duro por ellos. Este maestro debe creer que cada noche da tareas. Los deberes mejoran lo que se ha enseñado y aprendido en la escuela y proporcionan a los padres y al profesor la capacidad de ver si el niño entiende este conocimiento.

He visto profesores que desafían a sus estudiantes a pensar mejor. Estos maestros llevan a sus estudiantes desde el segundo grado para enseñarles a sumar, restar, multiplicar, dividir sólo por su salvado. Esto es lo que llamamos Matemáticas Mentales. Traje a mi propio hijo a esa clase, ya que vi una clase de segundo grado donde los estudiantes respondían mentalmente a las preguntas de matemáticas. Poco después de que se inscribió, él también aprendió a hacer matemáticas mentales. A partir de ese momento, las matemáticas fueron la mejor asignatura para mi hijo. Los maestros pueden hacer una verdadera diferencia, y los padres pueden ayudar a mejorar.

El papel de los padres en el desarrollo de las matemáticas de sus hijos es muy importante y debe comenzar lo más temprano posible. Enseñar a los niños a contar, sumar y restar números en la cabeza sin lápiz y papel promoverá el pensamiento abstracto en el cerebro. Los padres deben comenzar el proceso enseñando a los niños a contar del uno al cien. También debería ser parte de este proceso enseñar a los niños a entender los problemas matemáticos mentalmente. Podemos empezar con preguntas matemáticas simples y pasar a preguntas difíciles cuando el niño crezca. Los padres harán constantemente preguntas a los niños sobre cálculos matemáticos y darán una respuesta positiva al contestar. A los niños les encanta la retroalimentación positiva, que fomenta un mayor desarrollo.

Además de las matemáticas mentales, los niños deben recibir libros de ejercicios matemáticos para mejorar sus habilidades matemáticas. Para la práctica y los deberes, los padres deben tener estos libros y otros libros de contenido temático en casa. Estos se compran en librerías, suministros para maestros y en varios grandes almacenes donde se venden materiales en la escuela o en el lugar de trabajo. Cuando los niños son optimistas en sus habilidades matemáticas, ofrézcales libros de trabajo por encima de su grado actual. Ayúdelos, si es necesario, pero si los estudiantes tienen éxito en sus cuadernos de trabajo de alto nivel, su confianza mejorará. La semilla es plantada temprano, y los padres son capaces de verla crecer.

Un padre necesita saber qué nivel de matemáticas y cualquier otro tema que su hijo realiza cada año de la escuela. Cuando los niños entran en el jardín de infancia, y la escuela recomienda que los niños sepan el abecedario y que sepan cómo numerar 20 o cualquier otra cosa, es responsabilidad de los padres asegurarse de que el niño esté preparado antes de la inscripción. Además, si el niño está en segundo o tercer grado, y no puede simplemente añadir dos dígitos, el padre tiene que asegurarse de que el niño recibe la ayuda extra necesaria para tener éxito. Cada vez que su hijo tiene una deficiencia académica, los padres no pueden esperar en la escuela. Un buen padre se asegura de que su hijo se desempeñe en el nivel correcto a lo largo de su carrera académica.

Otra táctica es pasar un tiempo en una máquina jugando a juegos matemáticos. La máquina puede ser un gran recurso para las matemáticas y otras habilidades de la materia. Hay un software disponible para evaluar el nivel de matemáticas de un niño. Esa tecnología ha sido desarrollada en un formato de juego. Los niños creen que están jugando, pero en realidad están aprendiendo matemáticas. La tecnología puede ser asombrosa, pero necesito alertar a los padres para que no permitan que los niños pasen mucho tiempo desatendidos en sus aparatos.

Otra directriz para los padres es que no se debe permitir que los niños utilicen las calculadoras tempranas. A continuación, los niños deben hacer crecer sus cerebros para que puedan hacer sus propios cálculos matemáticos. El uso continuo de calculadoras a una edad temprana puede detener el desarrollo matemático de los niños. Cuando los niños desarrollan habilidades matemáticas pensando mentalmente en la respuesta a problemas simples, están mejor preparados para su vida diaria, como comer, balancear la chequera, por nombrar algunos. Por ejemplo, todos los niños deberían aprender las tablas de multiplicar de tercer grado. Deberías poder repetirlo sin usar una calculadora, oralmente. En la escuela primaria, los niños que dependen de la calculadora para obtener respuestas crean deficiencias matemáticas que pueden afectar negativamente a su desarrollo matemático.

En términos de buenos padres y maestros involucrados, los niños deben participar en actividades extracurriculares para apoyar las matemáticas. Los estudiantes se unirán a un club en la escuela en la nación de Michigan que juega un juego llamado Juegos Académicos. Este tipo de juego es difícil para los niños. Esto les permite mejorar tanto sus habilidades académicas como matemáticas. Los niños comenzarán a jugar estos juegos en el segundo grado. El estilo de los juegos enseñaría a los niños a la edad de siete años cómo jugar a las ecuaciones, un tipo de álgebra. Estas habilidades se denominan habilidades de pensamiento de orden superior. Los niños también están actuando a nivel local, nacional y mundial. La sensación es inaudita. También hay otros juegos de matemáticas y clubes para niños, que ayudan a desarrollar habilidades y a divertirse. Los padres deben ponerse en contacto con su distrito del Programa de Dotados y Talentosos o con la oficina estatal para obtener esta información.

Los niños podrían tomar clases de varias organizaciones que apoyan su desarrollo en las matemáticas. Estas organizaciones pueden enseñar en verano o los fines de semana. Algunas clases pueden enseñar a los niños a construir robots, coches de juguete, aviones de juguete, etc. Estas clases pueden ser en el campo de la ingeniería, la informática u otros campos técnicos. Los cursos se pueden impartir en varias universidades o colegios de la zona. Esto sugiere que el público se acerca a los colegios y universidades, pero los niños desarrollan habilidades sociales y académicas que van a la educación y a la edad adulta.

Todos los métodos deben ser explorados cuando se trata de desarrollar buenos estudiantes de matemáticas. Los padres pueden progresar más permitiendo que los niños visiten lugares de trabajo que usen muchas matemáticas. Sin embargo, como muchas ocupaciones, es posible introducir a los niños. Las carreras en matemáticas e incluso en ciencias deben ser enumeradas. Los padres deben informar a los niños sobre sus carreras, lo que requiere buenas habilidades matemáticas.

Los padres que son optimistas con respecto a sus hijos y quieren lo mejor para ellos confían en que sus hijos mejorarán sus habilidades matemáticas y se destacarán en la escuela - los métodos utilizados en este capítulo muestran cómo los padres pueden asegurarse de que sus hijos desarrollen buenas habilidades matemáticas. La manera número uno de ayudar a un niño a desarrollar buenas habilidades matemáticas es involucrar a sus padres en su carrera educativa de manera positiva y activa.

CAPÍTULO CUATRO

En matemáticas, los problemas de palabras pueden ser divertidos

Uno de los obstáculos más jóvenes en la escuela es el terrible bugaboo, que es un problema con una palabra matemática. La única queja que he escuchado con demasiada frecuencia en mis muchos años de instrucción privada es que no he sido capaz de conquistar la palabra problema. Sin embargo, los problemas de palabras pueden ser abordados con éxito. Este capítulo describe cómo. Cómo.

Los problemas de palabras son más difíciles que los problemas matemáticos "normales" porque la solución requiere que primero se determine lo que hay que hacer y luego cómo se hace. Por lo tanto, a diferencia de la resolución de una ecuación como x+3= 4, un problema de palabras requiere que uno decida que las ecuaciones pueden ser derivadas de los términos y cómo resolver estas ecuaciones particulares.

Otra dificultad es la incapacidad del estudiante de leer las palabras que componen el problema a un nivel necesario para tener sentido. Los malos lectores suelen resolver el problema de las malas palabras. Por eso enseño a los estudiantes habilidades de lectura crítica, incluyendo estrategias de "lectura anticipada" y otras habilidades de lectura efectivas. Estos enfoques no sólo mejoran las habilidades matemáticas de los estudiantes, sino que también las traducen a otras materias que necesitan enseñanza, como estudios sociales e inglés.

Para entender mejor estos métodos, debemos mirar un cierto problema de palabras en la etapa de pre-álgebra / álgebra y luego ver cómo se pueden aplicar estos enfoques. El problema que discutiremos es el sistema de ecuaciones de álgebra.

Ejemplo de problema de palabras: Cuesta $23 son 5 palos de hockey y 3 discos de hockey. Cinco palos de hockey y un disco de hockey cuestan 20 dólares. ¿Cuánto cuesta tener dos discos?

Estrategias para el problema de la palabra: Primera pasada: Esta es la etapa en la que leemos el problema para poder "sentir" lo que sucede en él. En este punto, no tratamos de resolver el problema, sino que sólo obtenemos un resumen de lo que se trata.

Segunda pasada: Esta es la etapa en la que volvemos a leer el problema, consideramos cuidadosamente la situación actual, lo que implica el problema, quiénes son los principales actores, etc. En este punto, empezamos a reflexionar sobre algunas estrategias para la resolución de problemas y comenzamos a planear nuestro ataque.

Tercera pasada: Esta es la fase de la lluvia de ideas. En esta etapa decidimos explícitamente cuál es el problema, lo que sabemos y lo que se espera que hagamos. Aquí es cuando empezamos a convertir las palabras en números y ecuaciones y a calcular todos los problemas.

Etapa cuatro: Esta es la etapa en la que comenzamos a resolver el problema utilizando el conocimiento que obtuvimos en la tercera pasada. También probamos dos veces nuestro proceso de lluvia de ideas en esta fase para asegurarnos de que hemos tomado el enfoque correcto.

Quinta pasada: es el último paso en el que comprobamos la consistencia de la solución obtenida en la cuarta pasada.

Demos estos pasos con el problema que tenemos entre manos. Leemos el problema en el primer pase y vemos que está relacionado con los palos de hockey y los discos de hockey y el precio de dos discos. Recuerda que hemos lanzado una bola curva aquí porque se nos pide que no ofrezcamos el precio de dos discos. Tengan en cuenta esto al final del problema.

Ahora en el segundo pase, observamos que en realidad tratamos con el deporte del hockey, que estamos limitados a dos equipos, palos y discos, y que los precios de ciertas combinaciones de ellos se dan entre sí y que se piden específicamente dos discos para nosotros.

Empezamos a construir las matemáticas iniciales en el tercer paso. Tenemos 5 palos y 3 discos por 23 dólares. También sabemos que cuesta 20 dólares conseguir 5 palos y un disco. Deberíamos incluso adivinar algunos números en este punto, lo que sólo puede funcionar para asegurarnos de que nos sentimos bien con el problema. Por ejemplo, un palo podría costar 4 dólares y un disco 1. Luego, cinco palos y tres discos cuestan 23 dólares, así que parece una buena elección. Sin embargo, la segunda condición, 5 palos y un disco que cuestan 20 dólares, no se cumple. Recuerde que los valores finales deben cumplir ambas condiciones para ser correctos. Pero al menos estamos con nuestra conjetura inicial en el estadio.

Seleccionamos las letras en nuestro cuarto movimiento para indicar nuestras cosas en la pregunta y luego juntamos nuestras ecuaciones. Porque tratamos con pucks y sticks, la S de stick y la P de puck serían una buena elección de letras. Caramba. Caramba.

¿En serio? Muy bien, ahora tenemos dos ecuaciones:

$5S + 3P = \$23 \quad 5S + 1P = \$20$

Ahora ves que miras un simple conjunto de ecuaciones lineales. Puedes resolver esto usando el proceso de eliminación. Entonces, si deducimos la fórmula 2, terminaremos con $2P = \$3$, o simplemente división, $P = \$1.50$. Cuando insertamos este valor de nuevo en cualquier fórmula 1,

obtenemos ese valor $S = \$3.70$. Ahora, volviendo al precio de dos discos, tenemos $2 \times \$1.50 = \$3.00$.

Deberíamos preguntarnos en la quinta etapa, si nuestra respuesta es razonable. Parece que, aunque el precio del bastón parece bastante barato, el coste del bastón debería ser más alto que el del disco. Cuando sumamos estos valores de S y P a la ecuación 2, obtenemos una prueba y podemos, por lo tanto, sentirnos cómodos con la solución correcta.

Sus hijos pueden resolver problemas de palabras con confianza usando esta simple estrategia de pasos. Los discos de hockey, los bastones o los elefantes son parte del problema o si la solución incluye estructuras de ecuaciones o problemas de tasas mixtas. La lectura crítica, la resolución activa y la aplicación de este proceso de cinco pasos asegurarán un éxito impresionante en el ámbito, a menudo considerado macabro, de las cuestiones de la palabra. ¡Cuidado con los duendes!

Los 5 mejores métodos de matemáticas mentales del mundo

Ahora puedes describir las matemáticas mentales de diferentes maneras. La mayoría de las personas dirían que memorizar los tiempos y encontrar las respuestas también puede ser parte de las matemáticas cognitivas. Algunos dirían que la aritmética cognitiva puede ser la capacidad de realizar cálculos simples en tu mente.

Las matemáticas mentales son descritas por el diccionario de la web como "Computar una solución exacta sin lápiz y papel o cualquier otra ayuda física". Actualmente hay cinco métodos disponibles para aprender y practicar las matemáticas mentales.

Comencemos con el último llamado 'Aprendizaje de memoria' o el proceso de rutina, donde tus profesores piden que se junten aburridas tablas de multiplicar. No sólo destruye el interés del niño por las matemáticas, sino que garantiza que ha despreciado el tema durante años. Este método ofrece primero a su devoto devoto un grado de éxito, ya que puede resolver problemas simples, pero luego el vapor casi se acaba cuando llegan los problemas de software supuestamente más grandes.

La segunda es un buen éxito para usted, y se lo recomendaría encarecidamente al grupo más joven. Viene de China y es común bajo el nombre de El Ábaco en Japón. Un ábaco es un dispositivo de medición, a menudo diseñado como un marco de madera con cuentas en los cables. Con este método, los cálculos relativos a la suma, la resta, la multiplicación y la división pueden realizarse fácilmente. Entrenas lentamente con la herramienta en la mano, y cuando tienes la experiencia, aprendes a prescindir de la herramienta. El dispositivo se pone mentalmente en la mente, luego se suma, se resta y se separa en segundos. Esta herramienta también mejora el nivel de concentración de un niño.

La principal desventaja de este método es que sólo se centra en las cuatro operaciones matemáticas. Conceptos diferentes a estos, como Álgebra, Raíces Cuadradas, Cubos, Cuadrados, Cálculo y Geometría, etc., no pueden ser superados con ella. También se necesita un período más largo para comprender plenamente el sistema, de modo que se puedan ver cursos en el Ábaco que duren más de dos años, y que lleven al niño al aburrimiento y luego a dejarlo.

Los Nueve Capítulos de Arte Matemático ofrecen un acercamiento a las matemáticas que se centra en descubrir los enfoques más comunes para resolver problemas. Las anotaciones en los libros suelen consistir en una descripción del problema y un resumen del proceso que condujo a la solución.

Los métodos esbozados en este proceso no pueden ser llamados mentales porque carecen de velocidad. A través de los ríos Yangtsé y Amarillo, los chinos fueron definitivamente las civilizaciones más avanzadas, pero si tuviera que elegir entre dos métodos de esta cultura, es el Ábaco.

Si las guerras tienen un inconveniente del 99,99 por ciento, a veces pueden estar al revés ya que crean una historia de optimismo e imaginación. El siguiente sistema de matemáticas mentales fue desarrollado durante la Segunda Guerra Mundial por el matemático ucraniano Jakow Trachtenberg en el Campo de Concentración Nazi para mantener su mente ocupada. Ahora conocido como el Programa de Matemática de la Velocidad de Trachtenberg, el resultado es una fuerte matemática cognitiva.

El sistema se compone de una serie de patrones fácilmente guardables que permiten realizar cálculos aritméticos muy rápidamente. Tiene usos más amplios que el Ábaco e incluye los Cuadrados y las Raíces Cuadradas, además de los cuatro enfoques funcionales principales.

El enfoque se centra principalmente en la multiplicación e incluso da pautas de multiplicación por ciertos números, como 5, 6, 7 e incluso 11 y 12. Ofrece un método general y un método especial de dos dedos para una rápida propagación. Me di cuenta de que, después de practicar el método, la multiplicación era un método mental muy aplicable, pero otros métodos para resolver la división y las raíces cuadradas no eran muy amigables y no se podían hacer mentalmente. Buscaba un proceso mucho más seguro, donde también pudiera hacer otras operaciones fácilmente. Otro inconveniente de este método era que también era como un ábaco pero no podía tener un alcance mayor, es decir, incluir otros campos, como el álgebra, el cálculo, la trigonometría, las raíces cúbicas, etc. Fue desarrollado en la década de 1950 por un profesor japonés Toru Kumon, y para 2007 más de 4 millones de niños estudiaron en más de 43 países diferentes bajo el sistema Kumon.

Los estudiantes no trabajan juntos como un grupo, sino que avanzan a su propio ritmo a través de sus planes de estudio al siguiente nivel después de completar una maestría en el nivel anterior. En algunos casos, se repite el mismo número de hojas de trabajo hasta que el estudiante alcanza una puntuación satisfactoria en un tiempo determinado. En los Centros Kumon, el programa de matemáticas comienza con habilidades básicas, como el reconocimiento de patrones y el conteo, y progresa a temas que son cada vez más desafiantes, como el cálculo, la probabilidad y la estadística. El Método de Kumon no cubre independientemente el tema de la geometría, pero proporciona suficiente geometría para las condiciones previas de la trigonometría que cubre el programa de matemáticas de Kumon.

Me impresionó mucho el glamour que rodeaba a Kumon, pero me decepcionó profundamente ver su currículum. No es nada emocional. No ofrece métodos matemáticos específicos y no se acelera con las matemáticas de Kumon. Hay un conjunto de hojas de trabajo que uno hace antes de dominar la materia. Así, digamos, por ejemplo, una hoja de división: se continuaría dividiendo por el método convencional hasta que se obtuviera una puntuación satisfactoria y luego se pasaría a un nivel más alto. Definitivamente no acelera la división, y el proceso no es ciertamente psicológico.

Un análisis profundo de su inmenso éxito en los EE.UU. me llevó a la conclusión de que en la década de 1950, los sistemas de velocidad Abacus y Trachtenberg no habían sido un modelo de negocio de franquicia. Al tomar el curso de un país a otro, el modelo de franquicia era esencial. Toru Kumon prosperó aquí.

Sin ser tocado por otras culturas alrededor del mundo, mi viaje me hizo mirar dentro de mi propia cultura india. Lo que me impactó tanto que me enamoré del programa y empecé a entrenar a los estudiantes del barrio.

Esto es fácilmente reconocido como matemáticas védicas de alta velocidad como el método de matemáticas de la mente más rápido del mundo. Tiene sus orígenes en las antiguas escrituras indias llamadas "la cabeza del conocimiento" por los Vedas. No sólo se pueden sumar, restar, dividir o multiplicar los límites de Ábaco, sino que también se pueden resolver soluciones matemáticas complejas, como álgebras, geometría, cálculo y trigonometría. Algunos de los problemas más avanzados, complejos y difíciles pueden ser resueltos muy fácilmente con el método de las matemáticas védicas.

Todo esto está escrito en sánscrito con sólo 16 palabras de ecuaciones.

Las matemáticas védicas de alta velocidad fueron creadas entre 1911 y 1918 por Swami Sri Bharati Krishna Tirthaji Maharaja; cuyo nombre era Govardhan Matha Sankaracharya (Dinero del mejor orden) en Puri. Se llaman "védicos", porque los sutras de los Veda Atharva forman parte de una antigua rama de las escrituras indias de matemáticas y tecnología.

Las matemáticas védicas de alta velocidad son mucho más sistemáticas, simplificadas y unificadas que los sistemas convencionales. Es una herramienta de cálculo cognitivo que promueve la creatividad y la imaginación para desarrollar y utilizar, mientras que proporciona al estudiante mucha versatilidad, diversión y satisfacción. Para sus hijos, esto significa darles una ventaja competitiva, una forma de maximizar su éxito, y darles una ventaja cuantitativa y lógica que les haga brillar en y después del aula.

Por lo tanto, es fácil y sencillo de usar en las escuelas, lo que explica su enorme popularidad entre los estudiantes y académicos. Esto complementa el plan de estudios de matemáticas que se enseña convencionalmente en las escuelas con una fuerte herramienta de pruebas y ahorra un tiempo valioso para los exámenes.

El método de Trachtenberg siempre se compara con el método védico. Incluso algunas de las formas de multiplicación son notablemente similares. Comparado con los métodos, el sistema Trachtenberg es el más cercano al sistema Védico. Pero la simplicidad y solvencia de la otra forma, en particular la división, las raíces cúbicas, las ecuaciones algebraicas, las raíces cúbicas, el cálculo, la trigonometría, etc., obviamente le da al modelo védico su ventaja. Además, la NASA utiliza algunas de estas técnicas en el campo de la inteligencia artificial.

Sólo hay 16 sutrones de matemáticas védicas o fórmulas de palabras que deben ser practicadas para que el método de matemáticas védicas sea efectivo. Las fórmulas de Word Math o Sutras, como las de "Cross-sided and Vertical", "Everyone of Nine" y "Last of 10" ayudan a resolver fácilmente problemas complejos, y una sola fórmula puede aplicarse simultáneamente en dos o más campos. La formulación Vertical y transversal es una gema que ayuda a multiplicar, a encontrar cuadrados, a resolver ecuaciones simultáneas y, al mismo tiempo, a buscar el determinante de una matriz.

Si se aprende una de estas estrategias a tiempo, un niño de 14 años puede realizar fácilmente cálculos rápidos con el rayo durante y con el as.

Las matemáticas védicas en este milenio están ganando popularidad rápidamente. Se considera el único método de matemáticas cognitivas adecuado para los niños, ayudándoles a mejorar su capacidad matemática y mental. Los métodos son nuevos y prácticos y sólo enseñan matemáticas rápidas.

El proceso no se basa en un entrenamiento repetitivo como en la forma Kumon. El sistema se centra en la mejora de la inteligencia mediante la enseñanza de los fundamentos y los enfoques alternativos. El objetivo no es sólo aumentar el rendimiento escolar o los exámenes, sino también ofrecer una perspectiva más amplia, lo que conducirá a una mejor inteligencia matemática.

Fluidez en matemáticas: lo que se debe y lo que no se debe hacer - Medir el maíz

La esposa del granjero estaba llena de ojos. Además de trabajar en una granja, enseñaba el cuarto grado durante la mañana y la tarde, ¡lo cual era más que un trabajo a tiempo completo! El mayor problema era que algunos de los estudiantes no podían memorizar su réplica, no porque no lo hubieran intentado. Pero estaba decidida a tener éxito. Les daba a sus estudiantes pruebas de multiplicación cronometradas todos los días porque sabía que necesitaban mucha práctica. Y algunos estudiantes no terminaron cada día a tiempo, así que no pudieron practicar más. Y algunos estudiantes todos los días pasaron por alto los mismos temas que se habían perdido el día anterior. Parecía que constantemente aprendían las respuestas equivocadas. Y algunos estudiantes dejaron en blanco cada día los mismos temas que habían dejado en blanco el día anterior. Tampoco sabíamos las respuestas. El profesor apreció que las pruebas cronometradas proporcionaron una evaluación precisa del progreso - o la falta de - de los estudiantes. ¿Pero por qué no han hecho todos los estudiantes el progreso que esperaban?

Una tarde fue a su campo de maíz y encontró que el maíz no crecía muy bien, pero en ese momento, no tenía tiempo para hacer nada al respecto. El sábado, para echar un vistazo rápido, volvió al campo, y el maíz todavía no funcionaba bien. Unas mañanas más tarde, parecía más o menos lo mismo. Esa noche, dejó de pensar en su maizal mientras corregía los papeles de matemáticas, y determinó que tenía que ir allí y hacer algo al respecto el próximo fin de semana -quizás empezar a regar o aplicar un fertilizante diferente o... Le pareció inesperado que su maíz se pareciera a algunos de sus alumnos de cuarto grado en matemáticas. Ambos habían disminuido su crecimiento. Y el mero hecho de saber que necesitaban crecer no hizo nada para alentarlo. Dar a sus estudiantes pruebas de velocidad diarias fue tan productivo y sensible como medir el maíz todos los días y esperar crecer como resultado de la medición! Las pruebas calculan el crecimiento... ¡no lo aumentan! ¡Las pruebas son herramientas de evaluación, no herramientas de diseño para el entrenamiento!

Descubrió que necesitaba otro tipo de fertilizante matemático que le diera a sus estudiantes la capacidad natural de pensar, recordar y actuar matemáticamente. Pensó que sacrificar el cálculo diario no beneficiaría a estos niños, pero no los mejoraría. Había una necesidad de algo más. Ya dio muchas lecciones para desarrollar los conceptos de propagación y división, y la mayoría de los estudiantes respondieron bastante bien. La comprensión de estos conceptos por parte de los estudiantes ofrecía una base razonable para obtener una aclaración fluida de la realidad, pero para muchos de sus estudiantes de menor alcance, su comprensión no establecía en realidad una memoria fluida.

Un día, mientras caminaba por el pasillo, la maestra pasó por el aula de su propia hija de primera clase y escuchó con entusiasmo a Frere Jacques cantar. Le encantaba el sonido de sus dulces vocecitas. Pero entonces, le llamó la atención un solo pensamiento: tal vez esos niños no entendían lo que cantaban. Aunque el profesor de música les hubiera traducido la canción, los niños no sabrían qué palabras francesas corresponden a sus palabras inglesas. Recordamos las palabras con fluidez, pero no pudimos usarlas para desarrollar una comprensión del idioma francés. Ven y piénsalo, su pequeña hija recordaba con fluidez la mayoría de las palabras del Juramento a la Bandera en inglés, pero no sabía lo que significaban muchas de las palabras. Y cuando recitaba con confianza",... así que la República de Richard", nunca pensó en preguntarle a nadie quién era este tipo Richard. Además, nunca preguntó quién era la Virgen de San Juan cuando cantaba Noche de Paz, o quién era el oso de ojos bizcos cuando cantaba en una iglesia; sólo cantaba palabras. Aparentemente, la prodigiosa habilidad de imitar y memorizar idiomas no siempre está conectada con el reino mental de la curiosidad y la comprensión. Reflexionando sobre ello, la maestra pensó en algunos de sus estudiantes de matemáticas que habían tenido éxito en las pruebas de memoria cronometrada pero que no parecían conectar los hechos memorizados con los conceptos que entendían, o con los problemas de historia con los que se esforzaban constantemente.

Entonces recordó algo extraño que el profesor de música le había dicho unos meses antes. Un día declaró que les enseñaría una nueva canción y les pidió que la escucharan respetuosamente mientras cantaba. Empezaron a cantar la nueva canción a su lado para su sorpresa, aunque sabía que nunca la habían escuchado antes en sus vidas. De alguna manera imitaron tanto la letra como la melodía de la nueva canción inmediatamente! La esposa del granjero comenzó a sentir la conexión entre la asombrosa imitación de los niños del jardín de infantes y las acciones de un niño de cuarto grado de su propia escuela, que parecía usar esta misma habilidad. Nunca pudo decir los siete múltiplos solo; pero cuando toda la clase los cantaba en voz alta, no tenía problemas para decirlos. En realidad, pensó que si todos los estudiantes tenían esa capacidad (y ella pensaba que la tenían), sólo se necesitaría un estudiante para decir los siete en voz alta correctamente, y tendría una clase completa que podría decirlo todo junto, y no podría decir si miraba quién sabía realmente lo que estaba haciendo y quién no.

Miró hacia abajo y notó que su zapato se abría. Una compañera de clase bajó por el pasillo mientras se agachaba para atarlo. Mientras intercambiaban bromas, sin darse cuenta de lo que hacían sus propios dedos, ella siguió atando su zapato. Cuando se levantó, recordó lo que había hecho en medio de la conversación. Era como tocar música de memoria en el piano; a veces, cuando su mente vagaba, sus manos simplemente seguían el ritmo. Era como si sus músculos tuvieran mente y memoria de sí mismos, y sin su participación consciente, podían hacer cosas. En ese momento, su colega le pidió el número de teléfono de un amigo común. La esposa del granjero a veces marcaba el número muchas veces a la semana, pero ahora que le dijeron que no podía pensar en ello. Era extraño, pero a veces sus manos sabían más números de teléfono que ella. Así que sacó su móvil y puso el número a marcar. Escuchó y le pidió a su amiga el número de teléfono, como lo hicieron sus manos.

Pasó algún tiempo más tarde ese día hablando sobre la memoria y cómo funciona. Olía aromas algunas veces en su vida que le recordaban otros lugares y tiempos de su pasado. Esos recuerdos elfáticos no tenían palabras relacionadas con ellos. Tampoco sus recuerdos musculares del cordón del zapato/piano/teléfono se conectaron conscientemente a la verbalización. Cuando estaba de compras en el centro comercial, normalmente recordaba su aparcamiento sin esperar y tampoco era un recuerdo verbal. Fue más bien una experiencia espacial y cinética, y más bien, cuando su marido remodeló la cocina y puso todo en nuevos lugares, estaba aprendiendo nuevos lugares en sus utensilios de cocina. Definitivamente no usó tarjetas de memoria para memorizar sus nuevos lugares, y no se presionó a sí misma con severas reprimendas ("¡Vamos, concéntrate! ¡Justo ayer, hiciste esto!") cuando no movió el primer intento, sólo abrió los cajones hasta que encontró lo que buscaba. Después de un par de días, sabía dónde estaba todo. Nada fue oral.

Y esto le recordó cómo, en su primera visita allí durante dos semanas, aprendió el camino a St. Louis. A medida que se familiarizaba con los edificios, parques y carreteras que veía recorrer por la zona, poco a poco se fue refiriendo a su mapa hasta que rara vez usó el mapa porque su mente tenía un mapa interior. Pudo conducir a varios lugares después de varios días sin siquiera pensar a dónde iba. Estaba pensando en la diferencia entre aprender la bandera y aprender sobre una nueva ciudad. Uno implica memorizar el otro, y aunque ambos tienen que ver con la memoria, obviamente no son lo mismo. El recuerdo, por otra parte, es en gran parte no verbal, deriva de experiencias cinestésicas multisensoriales con un fondo espacial/conceptual, y genera relativamente poco estrés. Las memorizaciones son una mera palabra, y a veces no tienen ninguna conexión con la experiencia o el conocimiento conceptual. Se dio cuenta de que su baja en el cuarto grado era una forma matemática de recordar sus hechos, más que una forma de lenguaje para memorizarlos.

Así que empezó a estudiar sus recursos y a pensar en cómo usarlos más matemáticamente. Primero, hizo algunas modificaciones en la forma en que cronometró las pruebas. Arregló la clase para tener un compañero para cada niño y le dio a cada compañero una clave de respuesta para la prueba cronometrada. Während, uno de los socios, escribió las respuestas a los problemas de multiplicación el otro socio comparó las respuestas con la clave de respuestas e inmediatamente informó del error escrito y dijo: "Inténtalo de nuevo". Entonces el estudiante tuvo que borrar la respuesta incorrecta y escribir la correcta. Los socios intercambiaron entonces sus papeles. Pensó que el problema de que los estudiantes recordaran y reprodujeran las respuestas erróneas se eliminaría con una autocorrección inmediata. No es cierto, y ella argumentó que la práctica perfecciona; ¡sólo la práctica perfecta perfecciona!

También dejó caer la fecha límite. ¿Qué sentido tenía evitar el hecho de que los estudiantes más lentos obviamente necesitaban practicar? El límite de tiempo fue reemplazado por un mapa de progreso que ella copió para cada prueba planeada que se veía como la siguiente: -- - - - Mapa de progreso: 4:00 3:30 2:00 2:45 2:30 2:00 1:50 1:40 1:30 1:20 1:00 Tomó un cronómetro de techo (o un reloj de segunda mano en la pared). Después de la última pregunta, los estudiantes miraron hacia arriba para ver cuál era su propio tiempo. Entonces, todo el tiempo, caminaban por ahí. Cuanto más rápido era, más veces daba vueltas. Los niños estaban muy entusiasmados con los tiempos y empezaron a preguntar si podían hacer más pruebas cronometradas para tratar de superar sus días antiguos. A algunos niños les gustaba correr entre ellos para conseguir el mejor tiempo, y querían hacer más antes de la prueba. A otros niños les gustaba intentar batir su mejor tiempo antes. El instructor quería incluir tiempos muy lentos en el mapa de progreso, para que incluso los estudiantes más lentos puedan moverse en varias etapas de velocidad, lo que les hace querer ir más rápido. Descubrió que estaba más entusiasmada con la misión y menos nerviosa.

Pero con las pruebas cronometradas, todavía estaba preocupada por una cosa. Cuando algunos estudiantes cometieron errores y sus padres les dijeron "Inténtalo de nuevo", no sabían la respuesta correcta y trataron de inventarla. Sin embargo, sus conjeturas parecían no tener sentido. Un día, fue reemplazada por un estudiante ausente que actuó como compañero durante un examen programado. El estudiante respondió incorrectamente para 7x7. La maestra le dijo al niño que "intentara de nuevo" (una buena manera de decir, "Te lo perdiste, pero puedes arreglarlo ahora"). El niño conjeturó, "102?" La cara del profesor obviamente debe haber mostrado un sentimiento de incredulidad porque el niño instantáneamente conjeturó de nuevo "77?" El profesor señaló el trabajo del estudiante y dijo: "Mira este otro problema que ya has hecho. Se llama" 6x 7, "y usted respondió" 42. El maestro esperanzadamente añadió 7 más a 42, usando lo que sabía (seis grupos de siete) para averiguar lo que no sabía (siete grupos de siete). El estudiante parecía aprender 6x 7 de la misma manera que un estudiante de primera clase conoce el Juramento a la Bandera, o Frere Jacques - desviado de cualquier significado, sin comprensión, no propenso al uso inteligente en contextos evolutivos. Pensó en "¿cuál es la palabra correcta para esta explicación?" en lugar de "¿qué sería importante aquí?" En resumen, más que de una manera matemática, le preocupaba una situación matemática.

La profesora recordó repentinamente su técnica en un taller de matemáticas diseñado para moldear el pensamiento de los estudiantes sobre la multiplicación. No sabía dónde estaban las páginas del taller, así que dibujó una foto que podía usar para ordenar el sentimiento del estudiante a las siete. Primero, dibujó una fila de siete cajas, colocando un pequeño espacio entre cada caja. Y luego dibujó una segunda fila como esta abajo y una segunda fila, y así sucesivamente, hasta que tuvo siete filas de cajas, con siete en cada fila.

Se tocó la primera línea de cajas y se contó a la pupila "1, 2, 3, 4, 5, 6, 7". "Ahora pasa el dedo por toda la fila de cajas y di" 7. "Entonces el chico tocó y contó la siguiente fila: ocho, nueve." El estudiante los tocó, contando "8, 9, 10, 11, 12, 13, 14". Ahora, repasémoslo: Pase la primera fila y diga... "El estudiante se acercó a ellos y contó" 8, 9, 10, 11, 12, 13, 14. "Las siete columnas". "Tres filas de siete hacen el número de cajas", "veintiuno". "¿Tres filas de siete hacen la suma de las cajas?" "¿Tres filas de siete son tantas filas...?" "¿Tres filas son...?" "¡Veintiuno!" "¡Yo sé qué hacer!" Y el alumno siguió presionando y contando la siguiente fila y lentamente evolucionó su conocimiento de siete múltiplos en un enfoque táctil/cinético, espacial, derivado del contexto de las líneas acumulativas hasta que finalmente llegó a 7x 7. Así que sabía que 7x 7= 49- ya no hay que adivinar. Entonces el profesor preguntó en voz alta, "Me pregunto si puedes usar la misma técnica para calcular 4x 6?" Tomó un pedazo de papel y cubrió tres filas de latas en el fondo para mantener sólo cuatro filas visibles. En la última columna vertical de cajas en el extremo derecho, deslizó otro pedazo de papel de modo que cada fila sólo parecía contener seis cajas. Luego observó con satisfacción como el chico demostró cómo alcanzar y contar cuatro grupos de seis.

La educadora notó que este método de conteo sistemático era muy diferente al de llenar las casillas vacías en una típica tabla de multiplicar, que ella ahora pensaba como "Una tabla de respuestas de alguien más". Esto implica que los estudiantes han dominado el conteo de saltos; sólo crea una oportunidad para aprender lo que ya se ha aprendido. Si la maestría no se completa; sin embargo, la tarea de un estudiante para completar este gráfico es otra forma de preguntar,' ¿Cuál es la palabra para la respuesta?' Y es más probable que esta pregunta desencadene una respuesta estrictamente orientada a las palabras (memoria roja) que una declaración de hechos respaldada por el pensamiento matemático y una corriente de memoria basada en el contexto.

Después de varios días de introducir estos nuevos enfoques, el instructor estaba muy contento de ver el progreso que lograron. Hemos tendido a experimentar menos estrés y ansiedad. Esa noche compartió sus buenas noticias con su marido en la mesa, diciendo: "Es fantástico, cariño. Y lo que hiciste con el maíz el fin de semana pasado ciertamente funciona bien. Se ve mucho mejor ahora."

La realidad y la no realidad de las matemáticas

Hay pocas dudas sobre el hecho de que las matemáticas rigen una realidad en general y en las ciencias físicas, en particular cuando se trata de leyes, principios y relaciones. Además, las matemáticas juegan un papel importante en los aspectos puramente económicos de nuestras vidas, y ¿dónde estarían los deportes sin las estadísticas? Pero, ¿cuánto de los hechos reales se reflejan en nuestras matemáticas cuando se trata de tomas de latón?

La verdad matemática.

Las matemáticas son sólo un concepto mental que simula la realidad, o se aproxima a la realidad o a la realidad posible, o incluso a una verdad "imaginaria/imposible". Las matemáticas en sí mismas NO son la verdad. Se pueden manipular matemáticamente las supuestas dimensiones adicionales en la teoría de cuerdas, pero eso no significa necesariamente que tales dimensiones adicionales existan realmente.

Las matemáticas son una herramienta que intenta, en un principio, centrarse en la esencia de la realidad real. Las matemáticas en sí no son la verdad. Por lo tanto, nuestras matemáticas están diseñadas para representar nuestra versión de la realidad, no lo que realmente sucede. La mecánica cuántica es el ejemplo perfecto. Por ejemplo, puede que ni siquiera sepamos en teoría, exactamente dónde está una partícula y dónde, con una precisión del 100 por ciento, va al mismo tiempo. Inventamos una forma de matemática de la probabilidad como la Ecuación de Schrodinger o la ecuación que regula el Principio de Incertidumbre de Heisenberg. Tales fórmulas son para nuestra construcción, pero no cambian el hecho de que la partícula tiene coordenadas reales y va de A a B. La probabilidad de la mecánica cuántica y sus ecuaciones matemáticas asociadas son sólo reflexiones sobre los límites de las observaciones e instrumentos humanos y no una reflexión sobre la realidad verdaderamente real de la Madre Naturaleza. Las ecuaciones mecánicas numéricas se basaban en hechos reales, como la ecuación de Newton para la atracción de la gravedad fue en realidad sólo una aproximación posterior.

Puede haber múltiples verdades, cada una de ellas dependiente de las matemáticas, pero no todas pueden ser correctas. La cosmología es un caso puntual.

La expresión "las matemáticas funcionan" no significa nada en absoluto. El hecho de que las matemáticas predigan la probabilidad de una estructura y material, o de alguna ley, relación o concepto que el Cosmos pueda tener, no es inherente. El amontonamiento ad hoc de estos epicentros en epicentros fue el principal ejemplo donde las ecuaciones funcionaron, pero el Cosmos no continuó viajando para comprender el movimiento de los planetas. Todo se volvió tan inmanejable al final que el bebé fue arrojado con la bañera, y un nuevo bebé nació que la Tierra era sólo otro mundo, no el centro de la vida y el universo y todo. Una vez que se asumió que la Tierra giraba alrededor del Sol, los movimientos planetarios cayeron, matemáticamente también.

Por favor, tome un ejemplo más contemporáneo. La Teoría de Cuerdas funciona en las matemáticas, pero la teoría de cuerdas sigue siendo un sueño filosófico del teórico hasta ahora (acento o énfasis en el término "sueño").

La teoría de las probabilidades es esa rama de las matemáticas que interpone el entendimiento macro-humano y humano con el micro-mundo de la mecánica cuántica. Lo macro es más importante que lo micro, ya que las partes absolutas de lo micro no son visibles en el macro reino; están más allá del macro reino para ser resueltas por medio de la comprensión o las habilidades humanas.

Un ejemplo claro es que la mecánica cuántica no tiene ninguna posibilidad de caer y morir al nivel de detalle necesario para eliminar la idea de azar de la mecánica cuántica sólo como consecuencia de las limitaciones de la mente consciente.

Las matemáticas no sirven para ningún propósito, útil o no, más que (en particular) el alcance de la mente humana, o fuera (en general), de las mentes conscientes cognitivas de otras especies sensibles. Y tal vez grandes simios terrestres, ballenas y delfines, y tal vez otras mentes sofisticadas, tal vez elefantes y aves.

¿Qué uso tiene el mundo para el álgebra, la trigonometría, la estadística, la geometría, la topología, el cálculo y las otras ramas de las matemáticas en ausencia de cualquier mente consciente? Ahora 1+ 1= 2 puede ser uniforme y lógicamente válido incluso sin una mente consciente o antes de que alguna forma de vida haya existido, ¿pero entonces qué? ¡Eso no reduce la mostaza del universo! Nadie podría concebir eso, usarlo o comparar el manejo de los números con una representación de la verdad objetiva (o incluso de la no realidad*). Para entender cualquier utilidad matemática o utilidad o belleza o elegancia, no había ninguna mente consciente o inteligente.

En realidad, las matemáticas no son una reflexión sobre o de la verdad, sino esa realidad como se percibe o describe cuando es mediada por el aparato sensorial, que la mente consciente considera como tal. La realidad que se percibe en la mente son varias capas de procesamiento de transición, eliminadas de cualquier realidad externa pura. Si el instrumento es un intermediario, hay incluso una capa extra. Por lo tanto, la mente consciente está limitada en su capacidad para tratar con toda la gama de la realidad real.

Las matemáticas son el puente entre el entendimiento humano, la comprensión, etc., y el entendimiento humano del universo. De hecho o en términos teóricos, las matemáticas te dirán "qué", pero nunca "cómo" o "por qué". Está la Ley de la Gravedad de Newton, por ejemplo, pero él incluso sabía que la ecuación decía "qué" y no "cómo" o "por qué".

La no-realidad abstracta.

Los siguientes ejemplos son algunos de lo que yo llamo las no-realidades abstractas.

Los hipercubos son un divertido concepto abstracto que puede ser implementado por las matemáticas/geometría. Pero incluso si puedes jugar con cubos reales, como los dados, los hipercubos siempre están más allá de ti.

La teoría del tiempo negativo de Stephen Hawking. Debido a que el IMHO, el tiempo es cambio, y el cambio es sólo movimiento, el tiempo negativo debería ser cambios negativos y movimiento negativo. Eso no tiene ningún sentido. Aunque el tiempo negativo de Hawking podría, en un sentido matemático, ser útil, no afecta a nuestra realidad y puede ser ignorado con seguridad.

Algunas ecuaciones cuánticas mecánicas desarrollaron infinitos, de modo que el método de prestidigitación llamado re-normalización fue creado para lidiar con situaciones de infinito. Esto me parece que es como dar cartas desde abajo de la mesa o como una inserción de "fudge". ¿Es la renormalización una realidad?

Las matemáticas de las singularidades intrínsecas al Big Bang o a los Agujeros Negros caen en la madriguera del conejo porque las reglas, los conceptos y las relaciones inherentes a las ciencias físicas, que por lo demás están correctamente definidas, ahora se rompen en un intento de explicar la existencia, y por lo tanto también la de las matemáticas correspondientes. Entonces, ¿cuál es la verdadera realidad detrás de las singularidades?

Las matemáticas pueden acomodar perfectamente las supuestas dimensiones adicionales de la teoría de cuerdas. Sin embargo, esto no hace que la teoría de cuerdas sea una realidad, pero no hace que otra media docena de dimensiones ocultas sean una realidad.

Las matemáticas son perfectamente capaces de hacer frente a una ley de cubo inverso, que no corresponde a nuestra física sólo porque una función de fórmula matemática no significa que el mundo físico real sea una correspondencia de uno a uno.

Las matemáticas pueden acomodar absolutamente las dimensiones cero, una y dos, pero son meras construcciones abstractas que no pueden ser comprendidas y por lo tanto no tienen una verdad verdadera.

El espacio-tiempo: Debido a que el espacio es sólo un Concepto Mental Inmaterial (un contenedor en el que residirán los objetos físicos reales) y dado que el tiempo es también sólo un Concepto Mental Inmaterial (nuestra forma de tratar el cambio es sólo el movimiento, que es también un Concepto Mental Inmaterial, ya que el movimiento en sí no es físico), el espacio-tiempo debe ser entonces un Menta Inmaterial. Ni el espacio, ni el tiempo, ni el espacio-tiempo consisten en realidad en ninguna sustancia material, y no hay ninguna estructura material tridimensional en la trilogía. Sin embargo, las matemáticas espacio-temporales son un instrumento útil para explicar la verdad, pero no la realidad misma.

CAPÍTULO CINCO

Razonamiento matemático de nivel superior

Las matemáticas presentan un modo de pensamiento/razonamiento para los estudiantes. Incluye la observación, la atención al detalle, el análisis, la síntesis, la cuestión de la pertinencia y la solución de los problemas. Esto tiene algunos atributos importantes, como la capacidad de hacer frente al sudor, la decepción, los callejones sin salida, la perseverancia y la exploración, que al final, lo ideal sería que hubiera asombro, emoción y regocijo. Invitamos a los estudiantes a profundizar en este modo de pensar, tema por tema, cada año. Entonces, ¿qué es la lógica estadística en el nivel superior?

Mirando algunos de los textos adoptados, una respuesta típica es "álgebra". En general, el álgebra se considera un nivel más alto de pensamiento matemático para los estudiantes de la escuela. Constantes, coeficientes, variables, ecuaciones, expresiones, números reales, ecuaciones cuadráticas, irracionales y racionales, combinando tales términos... Si sólo los estudiantes de la escuela media, secundaria e incluso los de la escuela primaria inferior comienzan a pensar en todo esto, concluimos que se producen niveles más altos de razonamiento matemático!

Pero, ¿qué pasa con los estudiantes de geometría que han aprobado el Álgebra I pero que aún no han captado el concepto de los números básicos con fracciones? había un estudiante de geometría de secundaria, por ejemplo, que no se dio cuenta de que si A es la mitad de B, entonces B es el doble de A. Este estudiante había memorizado la ecuación para calcular el ángulo inscrito (es la mitad del valor del arco interceptado). Pero cuando se le pidió al estudiante que encontrara el valor del arco, se determinó el ángulo. Parecería que el estudiante era probablemente más consciente de las relaciones fraccionales básicas que del nivel de comprensión existente.

El razonamiento matemático de alto nivel para los estudiantes es sólo el siguiente paso. La relación entre la mitad y el doble o si una clase puede ser a la vez una y dos, o si un "1" en las columnas de las decenas tiene un valor diferente a un "1" en las columnas, son todas buenas habilidades matemáticas para los estudiantes que aún no entienden los conceptos. En general, la gente considera que el álgebra es más abstracta que la aritmética, ya que parece ser menos concreta y debe, por lo tanto, ser la bandera del "razonamiento matemático de alto nivel".

El elemento crítico no es el nivel de complejidad de la tarea, sino el hecho de que la obra se aborde con lógica o no. Los estudiantes que han memorizado un montón de reglas para las ecuaciones factoriales cuadráticas no pueden decir que tienen niveles más altos de razonamiento matemático a menos que realmente entiendan por qué están haciendo lo que están haciendo. Hay una gran diferencia entre "tareas de nivel superior" y "nivel superior de racionalización lógica". No hay ningún fundamento cuando las actividades de nivel superior se aprenden por pura memorización y prácticas repetitivas que carecen de una verdadera comprensión. Si las lecciones de un nivel inferior se llevan a cabo de manera que los estudiantes sean realmente conscientes, se interesan en el razonamiento matemático de un nivel superior. Sin embargo, las matemáticas no deben colgar y sentirse más débiles que otras disciplinas académicas cuando se alojan en esos niveles inferiores.

Otro enfoque desafortunado del pensamiento matemático superior puede verse en la prisa por complicar un conjunto de problemas en los libros de texto. El libro de geometría que el estudiante al que doy clases utiliza en la escuela, publicado por una importante editorial y estado adoptado, tiene grandes problemas con el problema del pensamiento matemático. Soy tan divertido con algunos de ellos como estoy seguro de que lo fueron los autores y los miembros del Comité Estatal. Pero no es mi estudiante y muchos en su clase. En cualquier parte de este libro, hay muy pocos problemas preciosos que permitan a los estudiantes desarrollar una comprensión precisa de los conceptos y procedimientos básicos antes de que se hayan introducido niveles inteligentes y complejos de aplicación en el "razonamiento matemático superior".

En lugar de apresurarse a realizar actividades de mayor nivel que requieren un razonamiento fluido, que aún no se ha desarrollado, los intereses de los estudiantes estarían mejor servidos si este libro (y otros similares) abordara paso a paso las explicaciones de los problemas de las dificultades de los graduados basándose en la lógica formada por el problema anterior. La función correcta de un libro de matemáticas es desarrollar el pensamiento matemático, no sólo crear problemas que requieran su uso. Al tratar de simplificar demasiado los problemas, los libros de texto, sin querer, impiden a la mayoría de los estudiantes tener éxito. En última instancia, obstaculizan el progreso de su aprendizaje.

Sí, necesitamos mantener vivos los principios y métodos anteriores incorporándolos en los capítulos siguientes de los problemas, y, sí Los estudiantes necesitan analizar muchas técnicas y usos, y sí, necesitan usarlos todos para resolver problemas matemáticos en lugar de sólo medirlos aritméticamente. No protesto contra nada de esto. Pero el enriquecimiento es enriquecedor, y el pensamiento abstracto a un nivel superior sólo tiene sentido una vez que los estudiantes tienen acceso a él. Deberíamos estar tan orgullosos de abrir y desarrollar esta siguiente etapa de razonamiento matemático, cualquiera que sea, como pensamos en nuestras mentes matemáticas en las cosas imaginativas, inteligentes, complicadas y entretenidas. Debemos notar cómo es para aquellos que buscan nuestra guía. ¿Cuáles son los factores teóricos de un nivel superior para ellos?

Limitaciones naturales de las matemáticas

Los investigadores, especialmente los físicos, y otros ven las matemáticas como la prueba definitiva. Se suele sostener que una vez que una propuesta puede encontrar algún argumento matemático, se considera probada y resuelta. Los físicos también inventaron el término "derivación matemático-lógica", llevándolo al punto de los hechos del Evangelio.

La actual visión cósmica de los físicos muestra claramente, sin tener en cuenta las limitaciones naturales de las matemáticas, que la derivación matemático-lógica conducirá si se aplica en la interpretación de los eventos naturales. La actual visión universal de la ciencia se origina en dos teorías básicas de la Teoría de la Relatividad de Einstein, matemáticamente extrapolada a una teoría del universo entero, que tiene como objetivo la reconciliación con el quantum. Debido a las derivaciones matemático-lógicas incontroladas, la visión universal del científico ha entrado en un mundo que está más allá de la percepción sensorial y, por lo tanto, no está presente. La teoría de cuerdas y la teoría M están más allá de la percepción sensorial, directa o indirecta. Estos intentos han llevado a modelos matemáticos similares al Modelo del Sistema Planetario de Ptolomeo y a la Teoría de la Combustión de Flogiston.

Nos lleva al problema de los límites naturales de las matemáticas al considerar los eventos naturales, las cosas y el universo en su totalidad.

1) No todas las matemáticas son reales: los números complejos y el álgebra booleana, por ejemplo, no se basan en eventos naturales. También se pueden denominar ilusiones abstractas, que en algunos casos pueden ser útiles como herramientas y técnicas.

El profesor O. P. Mishra llegó a la conclusión de que aplicando la Teoría de la Distribución de Schwartz a los datos disponibles, la frecuencia de los terremotos sería predecible. Citó la razón de su suposición de que los terremotos no pueden predecirse basándose en los datos disponibles sólo por la inexactitud de los datos disponibles que pueden resolverse aplicando la regla de distribución de Schwartz, y entonces es posible una predicción exacta de la ocurrencia de los terremotos.

Sin embargo, lo considero descabellado y más allá de la comprensión. Las matemáticas no son como el sombrero de un mago que parece ser capaz de producir cosas de la nada. Hasta que, y a menos que, se sepa claramente qué datos se van a recoger y cómo se van a interpretar los datos pertinentes, es evidente que no se entiende la simple aplicación de una herramienta o técnica matemática para predecir un acontecimiento natural.

Por último, estos componentes matemáticos virtuales sólo son relevantes como herramientas y tecnología en la medida en que conducen a resultados compatibles con el mundo real. Si no, su uso es evidentemente injustificado.

2) La naturaleza está organizada jerárquicamente, y las reglas cambian de un nivel a otro. Las leyes del polvo cósmico pueden no ser las mismas que las de los cuerpos celestes, incluyendo los planetas, estrellas, etc. La extrapolación matemática ilimitada no puede, por lo tanto, ser correcta y correcta. Por ejemplo, el calor puede ser convertido en líquido entregando calor a un bloque de hielo y luego vaporizado a vapor de agua. Sin embargo, las leyes

aplicables al estado sólido, fluido y gaseoso difieren, y por lo tanto, los cálculos matemáticos aplicables al agua sólida no pueden ser exactos cuando se aplican al agua líquida, etc. Los eventos naturales también incluyen una transición de estado y un cambio de paso con cambios subsiguientes en las leyes vigentes. Por lo tanto, las extrapolaciones matemático-lógicas ilimitadas serán completamente injustificadas hasta y a menos que haya pruebas de que tales reglas se aplican al cambio de jerarquía, paso, estado, etc.3) La naturaleza no es matemáticamente-lógicamente perfecta: La naturaleza no prevalece en las no linealidades. Los actos naturales y creativos son de naturaleza no lineal. Tanto los cambios de paso como las transiciones de estado son no lineales. Algunos de estos actos no lineales son conocidos por los físicos como singularidades. Una singularidad en la física significa un punto extraño ya que los físicos no aplican las reglas de la física a una particularidad.

Ninguna extrapolación matemático-lógica puede ser verdadera para un acto no lineal. Esas acciones no lineales están definidas empíricamente pero son racionalmente indeterminadas en el nivel actual de la comprensión humana. La disminución del plumaje del uranio, por ejemplo, es un hecho empíricamente probable, pero no se puede suponer sobre la base de las propiedades del uranio y de leyes físicas conocidas.

Por lo tanto, la naturaleza debe guiarnos en el uso de herramientas y técnicas matemáticas para interpretar los eventos naturales. El uso de herramientas y técnicas estadísticas sólo es cierto si se correlaciona con observaciones / resultados experimentales / experimentos.

Habida cuenta de lo anterior, las herramientas y técnicas informáticas son muy útiles para descubrir las condiciones ocultas subyacentes. La conciliación matemática de los datos observados proporciona una interpretación precisa y razonable del tema en cuestión.

Las matemáticas superconceptuales (superultramodernas)

1. Definición superconmática de las matemáticas: Definición superconmática de las matemáticas puras. Las matemáticas puras son 100% exactas y el 99,99...% necesarias. (El término preciso significa que cada concepto de la propuesta está completamente explicado y cualquier declaración no axiomática se acepta en base a axiomático/s, dejando sin duda, excepto por 0.00... 1 por ciento de duda hiperbólica, la teoría de que todo puede ser posible.) En otras palabras, el

método de matemáticas aplicadas es 100% correcto y 99,99... millones de sugerencias redundantes.

2. La filosofía como matemáticas: según la interpretación superconmática de las matemáticas, aunque parezcan metafísicas, las ideas centrales de la ciencia y la filosofía super ultramoderna son en realidad matemáticas. Por ejemplo, el componente axiomático de la teoría NSTP (Non-Spatial Thinking Process) es matemático, mientras que su componente hipotético se aplica matemáticamente.

3. Fundamentos de matemáticas puras superconmáticas: Se oponen a los fundamentos abstractos o, en particular, lógicos de las matemáticas puras (como se establece en los Principios Matemáticos de Bertrand Russell). Los fundamentos superconductores son teóricos (aunque el simbolismo en sí es un concepto), que sirven, por ejemplo, para definir los números como una representación simbólica de la cantidad y explicar la igualdad de a+ b= b+ a, porque el orden escalar adicional es irrelevante (y, en la medida de lo posible, para descomponer aún más este concepto o un grupo de conceptos).

4. Reconstrucción superconmática de las matemáticas puras: requiere algunas deficiencias en las matemáticas puras modernas/ultramodernas y proporciona una reconstrucción

superultramoderna, libre de tales deficiencias, de las matemáticas puras. Una de las deficiencias se enumera a continuación.

Fallo en el concepto de hiperespacio - Espacio tridimensional de La conjetura Joshiana [El espacio, ya sea de apariencia o realidad, puede tener tres o tres dimensiones solamente (conjetura, ya sea sobre dos bases:

La falla en el concepto de hiperespacio significa que la conjetura de Poincare [si la esfera tridimensional (conjunto de puntos en el espacio de cuatro unidades a una distancia del origen) está conectada simplemente] no puede ser ni probada ni refutada, ya que se basa en la idea del Espacio de cuatro dimensiones.

5. Resolución de problemas matemáticos superconmáticos modernos y ultramodernos: la resolución superconmática de la paradoja de Russell - La paradoja de Russell - Una paradoja que Bertrand Russell descubrió en 1901, obligando a reformular la teoría fija. Una versión de la paradoja de Russell, llamada la paradoja del barbero, ve una ciudad con un barbero varón que cada día sacude a todos los hombres, y a nadie más. ¿El barbero se está afeitando? El escenario establecido requiere que el barbero se afeite si y sólo si no lo hizo. En su forma original, la paradoja de Russell considera el conjunto de todos los conjuntos que no son miembros de sí

mismos. Al parecer, la mayoría de los conjuntos no son miembros de sí mismos -el grupo de elefantes, por ejemplo, no es un elefante- y por lo tanto podrían ser representados como un grupo corriente. Sin embargo, hay algunos conjuntos "auto-tragantes", que son miembros, como el conjunto de todos los conjuntos o todos menos Julio César. Claramente, cada conjunto está corriendo o se traga a sí mismo, y no puede haber ningún conjunto. Pero entonces, Russell preguntó, ¿qué pasa con el conjunto S de todos los conjuntos que no son miembros? De alguna manera, S no es ni parte de sí mismo ni parte de sí mismo". (Ver Davi Darling: El Libro Universal de las Matemáticas, 2004) Solución Superconmática - La paradoja de Russell, Superconmáticamente, es bastante simple de superar. La solución superconmática sólo se puede enunciar en una frase: como no hay barbero que sacuda a todo hombre que no se sacuda a sí mismo, y a nadie más, tampoco hay conjuntos que no sean miembros de sí mismos.

Esta expresión se explica o justifica a continuación.

Supongamos que hay un barbero que afeita a todos los demás y nadie más que no se afeita. Ahora el barbero es un hombre, y la suposición requiere que el barbero se afeite si no lo hace. Esta contradicción implica inmediatamente que la suposición es falsa. Es decir, ningún barbero afeita a todos los que no se afeitan, y nadie más.

La enseñanza de las matemáticas en el siglo XXI

Las matemáticas y el conocimiento de la lengua materna se consideran la piedra angular de la educación de nuestras escuelas. Son los puntos de partida. Para muchos estudiantes, sin embargo, las matemáticas se convierten en una carga y, si es posible, en algo que hay que evitar. Esto sucede a menudo por la forma en que enseñamos matemáticas. Por el contrario, los estudiantes permanecen más tiempo en la escuela, y las matemáticas siguen siendo parte de su plan de estudios. La mayoría de los estudiantes en sus últimos años de escuela prefieren dejar las matemáticas.

Este capítulo describe cómo podemos hacer que nuestros estudiantes sean más atractivos para las matemáticas.

A continuación se presentan 13 métodos para alentar a los estudiantes a participar plenamente en el crecimiento de sus matemáticas.

1. Las matemáticas deben ser agradables, significativas y relevantes para la vida. Utilice estrategias como un divertido concurso, temas de la vida real, retos fáciles y difíciles, contextos desconocidos y pruebas de velocidad, por nombrar sólo algunos.

2. Enseñe las matemáticas como quiere que le enseñen, no como le han enseñado, así que a menudo tiene que aburrirse y no puede ver la relevancia de las matemáticas en su vida. No dejes que tu clase se sienta así.

3. Las matemáticas NO son un cangrejo, y numerosas actividades charlan y actúan. Utiliza una serie de estrategias de enseñanza que se relacionan con los temas que enseñas. Evalúe cada materia de manera que refleje su enfoque de la enseñanza. Utilizando software, métodos de aprendizaje colaborativo, contenido práctico, lecciones realistas, un estudio y cualquier enfoque que tenga en cuenta los diferentes estilos de aprendizaje de los estudiantes.

4. Dominar las matemáticas con sigilo. El concurso es una forma de crear un aprendizaje sigiloso. Para muchos estudiantes, parece más interesante que hacer matemáticas.

5. Utilice a sus estudiantes como asistentes de los profesores. Muchos elementos de las matemáticas son más fáciles para los estudiantes que otros. Utilícelos en su campo de experiencia como mentores. Puede que necesite algo de preparación, pero verá que los estudiantes están respondiendo bien a su ayuda y avanzan más rápidamente. Lo que es importante con las palabras del mentor es que está en el idioma del estudiante. Esto permite que el estudiante menos capaz entienda más rápido.

6. El instructor debe ser exigente, excitante y divertido para ti. Encuentra ejemplos de la vida real para usar en tu enseñanza y evaluación. No tiene por qué ser difícil cada vez; dar pistas gradualmente para los difíciles.

7. Experimentar, evaluar, analizar, preparar y volver a intentarlo. Introducir y perfeccionar nuevas técnicas de entrenamiento en su plan de estudios. Estas diversas estrategias abordan mejor los diferentes estilos de aprendizaje de sus estudiantes y añaden nuevas e interesantes oportunidades académicas para usted como educador.

8. Los años de la escuela inferior y media permiten una versatilidad en los enfoques de instrucción y evaluación que tomas. Esto se debe a que los resultados de la evaluación se

utilizan para evaluar a los estudiantes, tanto interna como externamente. Si un nuevo tipo de función de evaluación no funciona, ajústelo e inténtelo de nuevo. Debería producir una excelente oportunidad de aprendizaje en lugar de una actividad de evaluación para sus estudiantes.

9. Comparte tus colegas con éxitos y desastres. Este proceso hará que usted y sus colegas se desarrollen profesionalmente de manera informal. De hecho, podrías tener un amigo hábil que te muestre que te has equivocado y cómo superarlo. Un error.

10. Mejorar todas las habilidades de todos los estudiantes, independientemente de sus habilidades matemáticas. Cuantas más habilidades pueda enseñar a sus alumnos, mayores serán sus posibilidades de éxito a largo plazo.

11. Ayudar a los estudiantes a desarrollar su propia comprensión matemática, no la suya propia. En otras palabras, aplicar la instrucción al concepto de constructivismo.

12. Modelar cómo piensas sobre un problema/ejercicio. No seas el matemático perfecto. Incluya cualquier concepto al que se oponga en su modelado. Explique por qué descartó

estas ideas, modele tantas soluciones o métodos diversos como el tiempo lo permita. Si un estudiante tiene una solución diferente, pero es matemáticamente correcta, entonces que pase a la escuela.

13. Desafíese a sí mismo para ayudar a los estudiantes a aprender matemáticas. De otra manera, cree una forma personal de pensar que le permita aprender lo que sus estudiantes disfrutan. Lo que significa que te gustaría estar allí.

CAPÍTULO SEIS

Errores comunes en las matemáticas

Este trabajo de matemáticas será una guía matemática efectiva que la mayoría de los materiales matemáticos no han proporcionado durante algún tiempo. Se ocupará de un importante problema que ha impedido a los estudiantes hacer lo mejor en matemáticas.

Las matemáticas, como tema, ocupan una posición de liderazgo en el mundo académico actual. Es uno de los temas clave necesarios para alcanzar la altura de cada ser humano en la vida. Debe dominar el arte de contar y sumar desde los primeros días de un niño. Lo bien que lo haga en esta etapa temprana puede utilizarse para evaluar el éxito que tenga como estudiante de matemáticas más adelante en su vida. Muchos estudiantes que actualmente no tienen un buen rendimiento en matemáticas tienen que tener un aprendizaje de fondo deficiente, lo que les dificulta tratar el tema a medida que aprenden. Sólo luchan sobre una base débil, de un punto de su vida académica a otro. Todos sabemos cuál será el resultado de este esfuerzo: sus exámenes finales llevarán a una pobre matemática.

Es común que los estudiantes cometan varios errores básicos al responder preguntas de la clase superior. Algunos estudiantes en las clases de examen ni siquiera pueden usar la regla de BODMAS para resolver preguntas. Aquí hay algunos errores comunes cometidos y las soluciones son dadas por nuestros estudiantes en matemáticas. Espero que usted o su hijo encuentren esto útil. He dado a los estudiantes las soluciones probablemente equivocadas y las soluciones correctas. También se hicieron comentarios sobre cada uno de ellos. Por favor, disfrútalos. Disfrútalos.

PREGUNTA 1: Simplificar-6-5

Solución incorrecta:-

6-5

=+30

Solución correcta:-

6-5

=-+11

COMENTARIO: algunos estudiantes de matemáticas todavía resuelven este tipo de problema, que es igual a + 30, as- multiplica por-=+ y 6x 5= 30. PREGUNTA 1: Sin embargo, no hay multiplicación en el problema anterior; es simplemente una suma. Esto puede ayudar a resolver el problema; si usamos la noción de deber dinero-) (y tener dinero(+). Elwing se considera una cosa negativa-) (cosa, mientras que se considera una cosa positiva(+).

Aprovechemos ahora esta idea para resolver las cuestiones anteriores y otras relacionadas con las operaciones de número directo. Implica que debo seis cantidades,-5 también implica que debo cinco cantidades. Debo 11 cantidades en total, es decir, -11 (es negativo, 11 porque todavía lo debo).

PREGUNTA 2: Simplificar-1 + 5-2-3

Respuesta derecha: -1+ 5-2-3

= -1

FIRMA: "Uso y ley" Debía una cantidad-) (y tengo cinco(+ 5), y tendré cuatro(+ 4) cantidad cuando pague la única cantidad que debo. Debo dos cantidades más (-2), y otras tres (-3), cinco cantidades (-5). Así que deberé una cantidad adicional (-1) cuando devuelva cuatro cantidades (que ya tengo). Por lo tanto, el resultado es 1.

PREGUNTA 3: Simplificar-3 x-2x+ 2

Solución equivocada...

3 x-2x+ 2

=-12

Solución correcta:

-3 x-2x+ 2

=+ 12

COMENTARIO: la multiplicación de este problema y la regla del signo se aplicará. Los símbolos deben condensarse primero antes de los números (figuras). --x -=+, signo + posterior, signo + último signo=+. En las figuras, 3x 2x 2= 12. El resultado es, por lo tanto, + 12.

Secretos de hábito de estudio de matemáticas

¿Usted o su hijo tienen dificultades para estudiar matemáticas de manera efectiva? ¿Alguna vez has tenido bajas calificaciones en matemáticas? ¿Cree que su rendimiento debería mejorar? Este artículo es para ti si respondes SI a estas preguntas. He recopilado información para usted o su hijo sobre estudios matemáticos.

Si todavía no entiendes dónde estás, probablemente estarás en otro lugar. Si no sabes a dónde vas, probablemente estarás en otro lugar. En cada momento, no puedes hacerlo todo. Se recomienda que hagas las cosas que necesitas en cada fase de tu vida.

No deberías elegir un libro de texto y empezar a aprender a separar o incorporar la ecuación matemática en la escuela secundaria durante el primer año. No se espera que pierdas la mayor parte de tu tiempo resolviendo problemas al añadir y quitar números de directorio en una escuela secundaria en tu último año.

Hay cosas que debes hacer en todas las etapas de tu vida académica. En cada paso de su vida académica, puede aprender lo que se requiere de usted por medio de un plan de estudios detallado o un esquema de trabajo.

Un estudiante de examen (un estudiante que estudia para un examen final externo) debe tener un programa de prueba integral que pretende escribir. En la misma línea, todos los estudiantes deben tener los términos en la primera página de sus libros de matemáticas. Si el instructor no se lo da, lo pedirán o lo pedirán.

Sin el plan/esquema de trabajo, no es aconsejable que vayas a un período de estudio personal. Describiré las ventajas de trabajar con el plan de estudios como estudiante de matemáticas. A continuación, el programa te muestra de un vistazo lo que debes aprender en cada paso de tu vida escolar en matemáticas. No perderá su tiempo haciendo lo que no se espera que haga si sabe esto. Incluso si intentas hacerlo en el futuro, pero te las arreglaste para perder tu precioso tiempo en lo que no se investiga en ese momento. Cuando después de tu primer año en el instituto, deberías haber completado diez asignaturas, pero te encuentras luchando con una asignatura para ser presentada en un tercer año como resultado de la confusión, tendrás que culparte cuando no puedas dominar o entender los temas.

El plan de estudios/trabajo te da el dominio donde tienes que vivir en un momento de tu vida académica. Saldrás de este dominio si has comprendido todos los temas de tu dominio actual.

Además, el plan de estudios/trabajo le da la oportunidad de examinar las materias con las que tiene problemas y con las que puede necesitar ayuda. Necesita seleccionar cualquier tema que haya comprendido y que pueda ser fácilmente examinado. También debes notar aquellos que aún te cuesta captar.

En segundo lugar, el programa de estudios/trabajo también le permite comprender su límite en un tema determinado. Cuando digo límite, me refiero a los campos que no debes tocar en ningún tema en particular.

Por ejemplo, no se espera que un estudiante de segundo año de secundaria vaya mucho más allá del uso de instrumentos de medición para encontrar ángulos de elevación y depresión. Esto se hará más tarde en la parte de cálculo. Así, un estudiante desinformado perdería un tiempo precioso buscando formas de calcular los ángulos de elevación y depresión en lugar de medirlos.

No juego con la noción de no trabajar con mi programa durante mis días de escuela. Siempre está conmigo al comienzo de un período específico de investigación. Es una herramienta útil que muchos estudiantes no utilizan actualmente.

BUSCAR AYUDA A veces en nuestras vidas necesitamos las manos de alguien que nos ayude. Esto se aplica a todo el mundo para que nadie pueda buscar ayuda en los lugares adecuados.

Tus compañeros pueden ayudar. Ayuda. No debes tener miedo de ir a pedir ayuda a tus compañeros. Son los que más cerca están de ayudar. Incluso puedes considerar recibir la ayuda que necesitas de los estudiantes de educación superior antes de ir a tu profesor.

Durante mis días de escuela, me siento cómodo buscando el apoyo de mis compañeros. Nos conocemos y podemos ayudarnos mutuamente cuando sea necesario. Todavía hoy enseño a mis estudiantes a buscar ayuda de sus compañeros antes de que vengan a mí. Esto significa que hay que trabajar mucho para resolver un problema antes de que yo llegue a él.

Una vez que finalmente te das cuenta de que no puedes encontrar una solución a tu problema, ve inmediatamente a tu instructor. Su educador será capaz de resolver el problema. No debes ceder en tu trabajo para resolver el problema si el maestro se niega o arregla una cita diferente contigo en la primera visita. También puedes visitar a otros profesores de matemáticas de la escuela si te resulta difícil llamar la atención de tu profesor de matemáticas. Su principal objetivo es resolver un problema, por lo que debe estar preparado para hacer todo lo que pueda para lograr su objetivo.

También podrías pertenecer a un grupo de estudiantes. Puedes obtener suficiente apoyo de tu grupo de estudio. Debes estar seguro de que tienes gente como tú en tu grupo de estudio. Deben ser estudiantes que sepan que pueden ayudar cuando necesiten asistencia. No tiene sentido para un grupo de estudio donde la mayoría de los estudiantes son menos de lo normal. Por ejemplo, en al menos un grupo de estudio de seis, cuatro estudiantes deben estar por encima de la media.

Algunas otras áreas, como tu padre, hermana, hermano, vecino, internet, etc. también pueden proporcionar ayuda.

Herramientas numéricas para estudiantes universitarios

Los estudiantes que asisten a las universidades en una disciplina de alto nivel de física, como la ciencia o la ingeniería, suelen utilizar una serie de rutinas numéricas específicas. Las siguientes son cinco de sus rutinas numéricas más populares. Estas rutinas probablemente cubren el 90 por ciento de las rutinas que un estudiante usa durante un grado típico. Además de su éxito en los cursos de ciencia e ingeniería, muchos otros planes de estudio tienen estas rutinas numéricas. Por ejemplo, los estudiantes que toman un curso de álgebra en su primer año de universidad pueden necesitar ocasionalmente un Resolvedor de Ecuaciones Simultáneas mientras toman el curso. Otro estudiante puede tener que aplicar un curso de contabilidad para adaptarse a los Cuadrados Mínimos Lineales-una vez para una tarea en particular. Si entonces los estudiantes continúan sus estudios universitarios previstos, es decir, políticos o de inglés, no volverán a utilizar esos instrumentos.

Para responder a la hipótesis, se presentan las siguientes cinco rutinas: ¿qué cinco rutinas numéricas satisfacen más o menos las necesidades de los estudiantes universitarios? La respuesta a continuación se refiere a los tipos e implementaciones más comunes de tareas numéricas. Sin embargo, diversas herramientas gratuitas de alta calidad que ofrecen soluciones a este tipo de problemas proporcionan la mayoría de las características que necesitan los estudiantes universitarios para evitar, o al menos retrasar, el gasto que supone la compra de software comercial.

1) Búsqueda de raíces La búsqueda de raíces incluye la categoría del problema en la que no se encuentran directamente la(s) ecuación(es) cero(s).

Considere la ecuación cuadrática:

a x^2 + b x+ c= 0

a, b y c son constantes y deben buscarse valoresx , definidos como raíces o nulos.

La ecuación cuadrática es un ejemplo de la clase del problema de identificación de las raíces de las ecuaciones polinómicas que forman parte de la clase más amplia del problema de búsqueda de raíces. Además, debido a que la ecuación cuadrada es tan conocida (los estudiantes siempre se unen a la ecuación cuadrada y su solución en el grado 10), el descubrimiento de la raíz es quizás la clase más conocida de la rutina matemática.

La ecuación de van der Waals es otro ejemplo de una ecuación polinómica que también busca las raíces de

$$pV^3-n (RT + bp)V^2 + n^2 aV-n^3 ab = 0$$

Los valores de V que satisfacen la fórmula y el polinomio se encuentran como uno cúbico (la potencia más alta de V es 3). La ecuación se encuentra a menudo en los procesos químicos, la termodinámica y la dinámica de los gases.

La ecuación de movimiento elíptico de Kepler es otra ecuación para la que se aplican técnicas de descubrimiento de raíces:

$$E-e \sin(E)= M$$

La ecuación no es un polinomio, e implica una función trascendental en este ejemplo.

E y M son cantidades conocidas, pero no hay forma de aislar y resolver directamente E en un lado de la ecuación. Por lo tanto, deben utilizarse técnicas numéricas. El siguiente reordenamiento de la ecuación hace que el problema sea encontrar las raíces:

E-e sin(E)-M=0

Estos ejemplos son sólo tres ecuaciones que son soluciones por búsqueda de raíces; surgen muchas más ecuaciones cuyas soluciones sólo pueden encontrarse mediante el uso de técnicas de búsqueda de radicales. Afortunadamente, un campo bien desarrollado de las matemáticas y la informática es el problema de la búsqueda de raíces. Casi todos los algoritmos de búsqueda de raíces utilizan un enfoque iterativo para calcular la solución con un nivel de precisión deseado: primero se hace y se prueba una aproximación inicial, y después se estima y verifica una solución más cercana. Por ejemplo, un consumidor puede necesitar 4 decimales de exactitud en la solución, de modo que la iteración para una solución se detenga después de encontrar una aproximación de cuatro decimales.

2) Ecuaciones simultáneas

N ecuaciones en N Desconocidos se resuelven en este grupo de funciones numéricas. Por ejemplo, puede surgir una situación en la que un sistema lineal de Tres Ecuaciones en Tres Desconocidos puede ser descrito matemáticamente (potencia más alta dex presente= 1):

$a_{31} x_1 + a_{32} x_2 + a_{33} x_3 = b_3$

$a_{21} x_1 + a_{22} x_2 + a_{23} x_3 = b_2$

$a_{11} x_1 + a_{12} x_2 + a_{13} x_3 = b_1$

Los valores a_{ii} y b_i son conocidos pero el valor de x_i, que satisface este sistema de ecuaciones, tiene que ser calculado. Este trabajo podría hacerse con un lápiz, papel y una calculadora de mano. Y a medida que los sistemas se desarrollan, el número de cálculos involucrados aumenta rápidamente, lo que contribuye a la posibilidad de errores de escritura u otros errores. ¡Un programa de, digamos, 10 ecuaciones en 10 incógnitas mantendrá a una persona ocupada por un tiempo!

Afortunadamente, se han construido programas informáticos que pueden medir con rapidez y precisión las soluciones para estos sistemas. Normalmente se nos pone en la matriz de notación:[A](x)= (b) donde[A] es una matriz cuadrada.

Casi todos los campos de estudio pueden generar este tipo de sistemas. Tales sistemas siempre se enfrentarán en un curso de Álgebra Lineal. Estos sistemas también se producen en el análisis de circuitos eléctricos, proyectos de química industrial, análisis estructurales, estudios económicos y más. Además de resolver el sistema de valores de X,[A] las cantidades de la matriz en sí mismas se determinan a menudo para revelar propiedades perspicaces (por ejemplo, su determinante, sus propios valores y su descomposición).

3) Ajuste de los datos de los mínimos cuadrados lineales

El ajuste de datos de mínimos cuadrados lineales se utiliza a menudo para definir datos que incluyen errores. Por ejemplo, se puede perseguir una curva para los datos, pero los datos pueden no moverse adecuadamente a través de los puntos de datos en la curva esperada. En tales casos, debe generarse de manera sistemática una función aproximada que describa la relación descrita por los datos. El método de aproximación puede utilizarse entonces para interpolar la información entre los puntos de datos conocidos (o para eliminar los puntos conocidos de la gama). Una herramienta para estas situaciones es el ajuste de datos lineales al menos cuadrados.

Se hacen aplicaciones en casi todos los campos para esta clase de tareas numéricas: economía, física, política, ingeniería, química, estudios medioambientales y muchos más. Por ejemplo, en los últimos cincuenta años, un investigador reunió datos de población de un país y necesita identificar una fórmula que explique el crecimiento demográfico de manera eficiente para poder extrapolar el crecimiento futuro. En lugar de mirar los datos y hacer un "análisis de ecuaciones", una metodología que diferiría de un investigador a otro, el Ajuste de Datos Lineales al Mínimo Cuadrado ofrece una forma completa y eficiente de analizar los datos; ofrece un enfoque sistemático para evaluar los patrones.

4) Interpolación

Se suele emplear cuando se trazan curvas suaves mediante datos, normalmente datos no erróneos, y proporciona el método sistémico de calcular los valores de los datos entre los puntos de datos conocidos (o fuera del rango de los puntos de datos conocidos). Por ejemplo, para los valores siguientes, un investigador podría tener (x, y) puntos de datos: 1, 2, 3, 4, 5. Sin embargo, el investigador puede necesitar un valor y que se ajuste a un valor x de 2,5 o 6,4. Para el valor y (que está dentro del rango de valores conocidos), el investigador interpolará tox= 2,5 y extrapolará al valor y (que está fuera del rango de valores de datos conocidos) tox= 6,4. Además, la adquisición de datos puede requerir un equipo sofisticado de difícil acceso, o los datos pueden ser muy costosos de calcular. En este tipo de situaciones se requiere una forma sistemática de calcular esos puntos de datos interpolados.

Para esta función, hay varios algoritmos; uno de ellos es la Interpolación de Spline Cúbico. Una interpolación de Spline cúbico crea una curva suave mediante el uso de polinomios de tercer grado que pasan a través de todos los valores de los datos. Sin embargo, cabe señalar que hay diferentes versiones de este algoritmo; por ejemplo, las segundas derivadas del polinomio spline ajustado a cero en los puntos finales de la interpolación tienen una interpolación spline cúbica natural. Esto significa que un gráfico del spline es una línea recta fuera del rango de datos conocido. Otra versión del algoritmo fuerza una condición de no-nudos: el segundo y penúltimo punto se tratan como puntos de interpolación en lugar de nudos (es decir, las cúbicas de interpolación en el primer y segundo intervalo son las mismas, y el último y segundo subintervalo son los mismos). Para las aplicaciones de interpolación de splines, se incluyen datos de población recopilados a lo largo de muchos años, información de ventas cíclicas y el contorno de la forma de la carrocería de un automóvil.

5) Los valores propios y los vectores propios

lambda (un escalar) es el valor propietario de la matriz[A] si hay un vector no nulo (v), que satisface la siguiente relación:

[A](v)= lambda(v)

Cualquier vector(v) que satisfaga esta fórmula se denomina lambda propietario de[A].

Los problemas de sí mismo surgen en casi todas las áreas de la ciencia: análisis estructural, cálculo de la vibración del haz, aeroelasticidad y aleteo, estabilidad del sistema, transferencia de calor, sistemas biológicos, crecimiento de la población, sociología, economía y estadística. Los valores propios y los autovectores también se utilizan a menudo en combinación con la solución de ecuaciones diferenciales. Por el contrario, se dice que el algoritmo del motor de búsqueda de Google también ve la indexación como una cuestión propia.

Descripción La búsqueda de raíces, la resolución simultánea de ecuaciones, el ajuste de datos lineales al cuadrado inferior, la interpolación y el cálculo son los tipos de problemas más comunes que enfrentan los estudiantes tanto en el colegio como en la universidad. Estos desafíos matemáticos no sólo los enfrentan los estudiantes de ciencias e ingeniería, sino que también se dan en otros programas. Sin embargo, la prevalencia de estos problemas numéricos queda atestiguada por dos factores adicionales: I Los procedimientos para gestionar este tipo de tareas casi siempre están cubiertos por textos y cursos de formación en matemáticas numéricas; y ii) los algoritmos conocidos para estas tareas matemáticas y el código fuente de los programas informáticos están disponibles desde hace décadas.

Gracias a su popularidad, las herramientas de fácil acceso para resolver estas tareas numéricas más difíciles atraerán a una amplia gama de usuarios. Por un lado, algunos usuarios pueden necesitar algunas rutinas de aplicación únicas o muy inusuales, mientras que por otro lado, otros usuarios pueden utilizar a menudo un programa, pero sólo una rutina. En cualquier caso, no es aceptable comprar un paquete de software comercial, y la disponibilidad de software libre es una alternativa práctica. De hecho, este tipo de rutinas matemáticas numéricas están ampliamente disponibles en varios formatos de forma gratuita y ofrecen una variedad de capacidades. Para la instalación en la computadora de un usuario, por ejemplo, Octave y Scilab, se han desarrollado muchos paquetes de aplicaciones, por nombrar dos. Otros se pueden encontrar como applets de Java. Y todavía hay más disponibles como sitios web en Javascript para uso inmediato: por ejemplo, AKiTi.ca proporciona rutinas para resolver muchos de estos tipos de problemas. La accesibilidad de estas rutinas numéricas permite a las personas elegir la herramienta que mejor se adapte a sus necesidades particulares, en particular cuando dichas herramientas proporcionan soluciones a algunas de las tareas numéricas más importantes. La disponibilidad de buenas herramientas de software para trabajar con las tareas numéricas más comunes es de gran utilidad para el mayor número de personas.

La importancia de las matemáticas aplicadas en la industria minera

Sabemos que la matemática aplicada es un área rica y en constante cambio. Las aplicaciones en la ciencia y la industria siempre han impulsado el campo, y la industria mineral ha sido una importante fuente de ideas creativas. Para la realización con éxito de tareas muy complejas, la ingeniería de minas es responsable del diseño de programas, la operación, la gestión, la extracción y el procesamiento de minerales de entornos naturales y de las soluciones matemáticas formuladas.

No es necesario ir muy lejos para encontrar aplicaciones eficientes de los modelos matemáticos de la minería, que producen enormes ahorros para la industria, no sólo para la preparación de la minería, sino también para la extracción y el procesamiento de los minerales. En general, utilizamos técnicas numéricas y analíticas para implementar una teoría matemática probada cuando hablamos del uso de las matemáticas aplicadas en la industria.

Bastante comúnmente utilizado y útil es el uso de problemas de optimización, para los cuales la solución se basa en varios parámetros sobre el mayor o menor valor de una función numérica. Esta función suele denominarse variable objetivo o meta. Muchos tipos de problemas pueden expresarse en la optimización, es decir, en la determinación de la función objetiva máxima o mínima. En la minería, el método se utiliza a menudo para evaluar la asignación de la mano de obra en las zonas de trabajo y para medir la extracción de carga óptima en función del volumen de producción total previsto y las exigencias de calidad del mineral.

Muchas otras soluciones prototípicas implican teoría de análisis no lineal, integración numérica, evaluación de funciones, números complejos, soluciones de valor límite, soluciones basadas en valores y ecuaciones de diferencia. Cabe señalar algunos ejemplos: las operaciones de minería subterránea que requieren la construcción de plataformas para transportar una variedad de equipo de dimensiones específicas; las tareas de perforación exploratoria para obtener muestras de broca de núcleo en una formación en la que se utilizan diversos métodos de perforación combinados en zonas geológicas algo complejas, y se encuentran concentraciones de tensión alrededor del agujero;

La secuencia integral, periódica o de expansión describe la mayoría de las funciones matemáticas utilizadas en el cálculo numérico. Aunque esos conceptos pueden ser útiles para un matemático, su implementación de software es bastante complicada. Por un lado, no todo ingeniero de minas puede evaluar una integral numéricamente (la mayoría de las veces), y luego la cuestión de la exactitud y matemáticamente, la evaluación de una función implica complejidad. Además, la experiencia en programación es esencial para producir soluciones de módulos de aplicaciones precisas, útiles y oportunas.

Siendo este el caso, un gran desafío es la representación matemática a través de la modelación numérica. La importancia de las matemáticas aplicadas en la industria minera es tan importante que las futuras generaciones de ingenieros de minas deben ser muy expertas en procedimientos de análisis numérico, deben tener un fuerte control de los lenguajes de programación de alto nivel y deben sentirse cómodas con el razonamiento matemático.

CAPÍTULO SIETE

Matemáticas de negocios

Las matemáticas de negocios incluyen el análisis y la evaluación de gráficos, mapas y tablas, la medición de márgenes y descuentos, y el tratamiento de cuestiones de porcentajes, proporciones y ratios; evaluación de costes unitarios; escalado de beneficios, escalado de costes totales; presupuestos; evaluación de costes de financiación, dinero en efectivo; préstamos; estimación de ingresos, impuestos sobre la nómina y deducciones; investigación de ingresos federales

¿Tienes que ser bueno en matemáticas para hacer negocios? No parece apropiado en un mundo donde las computadoras y la tecnología completan las lagunas de conocimiento en los cálculos de las matemáticas y el lápiz y el papel.

¿Cuándo se requieren habilidades matemáticas?

Es importante aprender el esquema general en lugar de conocer los cálculos básicos involucrados. El objetivo principal es tener una fuerte comprensión de los conceptos matemáticos. Las computadoras llevan a cabo la mayor parte de lo que actualmente se considera matemáticas reales.

El trabajo del contratista es sólo introducir los números correctos, y el código proporcionará las respuestas correctas. Es particularmente útil para hacer estimaciones de ingresos, costos y suministro de efectivo de manera rápida y precisa. También es útil para generar proyecciones financieras y se completa con diagramas y documentos. La persona no hace cálculos ni produce ecuaciones o construcciones de informes o gráficos.

Los estados financieros importantes se realizan simplemente introduciendo los datos, recibiendo las declaraciones de ingresos y los saldos con sólo pulsar un botón, las proyecciones de ingresos y los presupuestos anuales y un estudio de las mediciones importantes del rendimiento.

Parece fácil, pero debe ser capaz de entender los hallazgos. La precisión es crucial cuando se introducen números de software. Es importante que tengas tu comprensión personal de las matemáticas, en lugar de simplemente confiar en el software porque te beneficiará.

¿Los hombres de negocios se desempeñan bien en las matemáticas?

El trabajo de un hombre de negocios puede ser hecho bien por aquellos con una habilidad matemática promedio. Pero la mayoría de los empresarios de éxito son excelentes en matemáticas porque una buena comprensión del tema es vital en el mundo de los negocios.

¿Cómo beneficia la conciencia matemática a los empresarios?

Ser empresario es agotador, pero un buen conocimiento de las matemáticas te ayudará a evitar algunos errores en tu propio negocio. La capacidad de encontrar soluciones dos más dos es claramente inadecuada. Para conocer la probabilidad, dirigirse a los consumidores potenciales, predecir y pagar impuestos, y agregar los resultados de las inversiones, los empresarios de éxito utilizan cálculos matemáticos.

¿De qué otras maneras puede un empresario mejorar sus habilidades matemáticas?

La capacidad de concentración es la clave de las buenas matemáticas. Dado que el tiempo es un recurso importante para los empresarios, es importante que les vaya bien rápidamente en las matemáticas. Sea cual sea la importancia, un empresario no tiene tiempo extra para volver a la escuela secundaria y aprender conceptos matemáticos para hacer hincapié en las áreas más importantes de las matemáticas, y luego elegir las clases universitarias, que se centran en las matemáticas empresariales y en los conceptos que tienen más probabilidades de estar presentes repetidamente en situaciones reales.

Un concepto simple de las matemáticas de ingeniería

Típicamente, una vez que te inscribes en cualquier curso de ingeniería, la gente automáticamente presume que eres fantástico en matemáticas. La ingeniería es casi sinónimo de matemáticas, y la mayoría de la gente no sólo utiliza los números y la lógica en la resolución de ecuaciones.

En el nuevo año, los profesores universitarios enseñan matemáticas generales, como álgebra, geometría y trigonometría. El álgebra se enseñaba de 8 a 10 grados, dependiendo de su programa estatal. En general, requiere un álgebra básica que implica encontrar una o dos variables más dado un problema de palabras y una ecuación. Se manipulan las ecuaciones y los parámetros para obtener los elementos que faltan. El análisis de los ángulos y las formas es la trigonometría. Una buena historia de la geometría también es esencial para entender por qué ciertas formas, como los triángulos y los círculos, tienen características para resolver un problema de matemáticas trigonométricas.

Para el segundo año, las clases de ciencias se calculan normalmente. Dependiendo de su aplicación, hay dos tipos de cálculo. El cálculo diferencial se utiliza en las mediciones de distancia y velocidad. Mientras que el cálculo detallado se ocupa de la mecánica utilizada para abordar las condiciones en tiempo real, como el tiempo y la temperatura.

Por el contrario, el segundo año comienza con las ciencias de la computación como la física. La mecánica de ingeniería utiliza algunos principios básicos de la física para resolver problemas de objetos en movimiento y no en movimiento. Estos temas menores, estadísticas y probabilidades, se discutirán en el tercer año, así como algunas matemáticas avanzadas que tratan sobre las matrices. También hay otros temas menores, dependiendo de tu especialidad, que involucran a las matemáticas de muchas maneras.

En el cuarto año, hay economía de la ingeniería y termodinámica para tratar y aprobar junto a las otras grandes opciones y grados!

En el quinto año, casi todas las asignaturas de matemáticas restantes se cursan -algunas incluso tienen métodos numéricos en su plan de estudios sólo para desarrollar las habilidades matemáticas de los graduados. Algunas clases también permiten a los estudiantes tomar recursos adicionales para otras materias matemáticas. Las matemáticas pueden ser el tema más difícil jamás concebido, pero las soluciones matemáticas también pueden ser muy poderosas. Muchos estudiantes universitarios pueden entender claramente el concepto de las matemáticas una vez que son capaces de utilizar sus cálculos en el diseño y los cursos.

Es cierto que no puedes recordar la mayoría de las matemáticas que conoces de la universidad cuando te gradúas y consigues trabajo a menos que termines en un trabajo relacionado que realmente necesite cálculos constantes. En general, sin embargo, la mayoría de los trabajos de ingeniería todavía usan un poco de matemáticas cuando presentan soluciones a los clientes y por supuesto.

El aprendizaje de las matemáticas fortalecerá sus habilidades analíticas y le ayudará a manejar las variables en cada situación. Todo lo que tienes que hacer es aprender a amar

tus principios y memorizar lo básico. Disfrutarás estudiando
más a menudo que no, en contraste con el hecho de que te
pidan que repases, ya que no tienes ni idea de qué buscar en
todo el cuadro.

Lenguaje de las matemáticas - Aprende a resolverlo

¿Te has preguntado por qué algunas personas en la
literatura son exitosas pero malas en las matemáticas? Verá
y evaluará la literatura a un grado no alcanzado por muchos.
Sin embargo, tiende a haber otras personas que pueden
hacer fácilmente cálculos matemáticos pero que han luchado
drásticamente en los textos. ¿Cuál es la diferencia entre
estos dos grupos de personas que representan que están
saludables gracias a su capacidad de aprendizaje? La
solución podría estar en la forma en que se ven las
matemáticas.

La terminología matemática es un lenguaje lleno de
abreviaturas. Para representar los significados implícitos, se
pueden utilizar símbolos matemáticos. En las notas de forma
más corta, se acortan las largas fórmulas matemáticas y las
operaciones. La trigonometría es un ejemplo.

"Tan A" es un medio abreviado por el cual "tomar la relación de un ángulo A con el ángulo adyacente A de longitud opuesta".

Por lo tanto, para entender y responder a los problemas matemáticos, debes aprender el lenguaje matemático para hablar con ellos. Es similar al caso de un japonés que habla en japonés a un indio que no entiende el japonés. Cuando alguien ha entendido las matemáticas, dada su capacidad de aprendizaje en otros campos basados en el texto, no debería tener ningún problema futuro para tratar el tema. Sin embargo, la descripción de los cálculos matemáticos y su funcionamiento se volverá repetitiva si se presenta en la forma de texto en inglés sin el estilo único del lenguaje matemático.

Este lenguaje único puede no ser evidente para las escuelas primarias y puede ser explicado y escrito en un inglés simple. Sin embargo, cuando se va a la escuela secundaria o incluso a la universidad donde se tienen matemáticas avanzadas, tal vez en ingeniería o finanzas, la presentación de los trabajos en el idioma inglés no es necesaria. Esta larga cadena de cálculos debe convertirse en expresiones matemáticas llenas de notas y símbolos cortos para ampliar la presentación de ideas y soluciones.

En resumen, las matemáticas no son una materia difícil de enseñar y aprender. Es difícil sólo si no entiendes de qué se trata la matemática. Por lo tanto, para dominar las matemáticas, la solución es entender el lenguaje en el estilo de la escritura corta para reducir las preguntas de "Cómo resolver".

La química del fullereno platónico y un serio problema matemático

La nanotecnología muestra claramente el funcionamiento y la correspondiente física imaginativa de la Química del Fullereno Platónico. Se dice que el funcionamiento de esta nueva ciencia médica está correlacionado con las características del carbono en desafío a la ciencia del siglo XX. Esta comprensión moderna de la ciencia médica se basa en la antigua teoría moral griega, desarrollada por los estudiosos de la tradición platónica de la filosofía griega. Tales filósofos también trataron durante muchos cientos de años de combinar los principios matemáticos con la vitalidad de la vida, que el científico Anaxágoras, ahora conocido como el padre fundador de la ciencia moderna, pone.

La idea de Anaxágoras de que los poderes de Nous actuaban sobre las partículas primitivas en el espacio para construir mundos representaba las fuerzas gravitacionales, lo que fue más tarde matemáticamente aclarado por Sir Isaac Newton. Newton describió un mundo basado en los mismos principios científicos que sostenían la ciencia ética platónica en sus inéditos Documentos de Herejías del siglo pasado. Newton también escribió en sus cartas personales que las características de la luz, combinadas con la gravedad, transmiten información genética a los mecanismos del metabolismo humano.

Las ideas heréticas de Newton vinculadas a la teoría Pitagórica del Arte de la Esfera, vinculadas al rayo de ojo que todo lo ve, que ahora fue retratado como un símbolo de libertad en el gran sello de América. La antigua psicología moral griega era con la frecuencia de resonancia del movimiento celestial con el movimiento del átomo en forma humana. Los hallazgos científicos de los siglos XVIII y XIX han demostrado que el movimiento armónico de la luz es un fenómeno electromagnético. Durante el siglo XXI la Nanotecnología mostró cómo tal movimiento celestial podía transmitir inteligencia a la mente y al cerebro, tanto en macro como en micro escalas, de acuerdo con el funcionamiento de la Molécula Emocional descubierta por el Dr. Candace Pert en 1972.

Como la ciencia fue creada con propósitos morales, un número de filósofos antiguos usaron las matemáticas para caracterizar el mal como propiedades destructivas de sujetos no formados en el átomo físico, a los cuales la humanidad podría ser destruida. Los líderes mundiales están participando actualmente en un congreso internacional sobre cómo proteger a la civilización del potencial destructivo de la tecnología nuclear. Sin embargo, hay un serio problema matemático emocional que impide cualquier solución realista. Los inversionistas de tecnología, economía y área modernas no aceptarán ningún sistema educativo que enseñe la ciencia médica ética moderna que representa un peligro para la actual economía mundial de los combustibles fósiles. A menos que la UNESCO y las Naciones Unidas desarrollen leyes médicas que faciliten la transferencia del actual Sistema de Alineamiento energético a las energías de la vida, la humanidad se verá afectada por un caos entrópico de destrucción ineludible.

La complejidad matemática de este caso no es difícil de explicar. El formato original de We tenía una cierta forma matemática, vista como una expresión matemática de la realidad física. Esto puede ser llamado un tipo de no vida. Después de cientos de años de un esfuerzo deliberado por fusionar la ética con el Nosotros, su forma matemática se ha convertido en un concepto evolutivo lógico fractal viviente. Por mucho que mejoremos las matemáticas, sólo podríamos acelerar el caos universal en la Tierra sin esta dimensión metafísica (holográfica) de la conciencia ética. Por ejemplo, los tres economistas que ganaron el premio Nobel en 1994 por su teoría económica matemática se enfrentaron posteriormente a graves problemas. Muchos científicos afirman ya que ese problema ha derrumbado la base económica de la Unión Soviética y ahora amenaza a la economía mundial.

Los médicos de la Cruz Roja Médica que se apresuran a tratar a niños víctimas de terroristas suicidas fanáticos no deben permitir que la ira irracional o el ánimo triste afecten a sus ojos. No podemos tener en cuenta el estado mental del autor y el sufrimiento de los padres de los niños. Tienes un trabajo que hacer, para el cual has sido preparado. Definitivamente debemos tener en cuenta el hecho de que los médicos realizan las funciones de la moral, la ciencia médica. La UNESCO y las Naciones Unidas deben ahora ampliar su actual comprensión de esta ciencia médica. El sueño nanotecnológico de las modernas maravillas negro-entrópicas se extenderá definitivamente al desarrollo de nuevas tecnologías negro-entrópicas que puedan liberar a la raza humana de sus actuales yugos entrópicos de ignorancia matemática. Este nuevo conocimiento ayudaría a las especies de Homo Entropicus presentes a prevenir el riesgo de olvido al dar un gran salto de convicción dentro y fuera de la Utopía de Buckminster Fuller.

CAPÍTULO OCHO

Matemáticas en el casino

Dados

La clave para entender las matemáticas de los dados es conocer las combinaciones o probabilidades de los dados. En mi táctica, sólo queremos jugar las apuestas que tienen más probabilidades de ganar. Estas son la línea de paso con las probabilidades, y las apuestas vienen con probabilidades, las apuestas ocasionales en el 6 y 8, no colocan las probabilidades y no vienen con o sin las probabilidades.

Cuando juegas las apuestas anteriores, el porcentaje de la casa es el más bajo de todos los juegos de casino. Tomando una sola oportunidad en la línea de pase y las apuestas de venida, el porcentaje de la casa cae al 0.8 por ciento... Reduce las probabilidades dobles al 0,6 por ciento... Las triples posibilidades lo reducen aún más al 0,5%... Y el partido está casi muerto 10 veces hasta 100 veces las probabilidades.

Siempre me preguntan en los seminarios por qué las apuestas no son tan buenas como las apuestas. La respuesta está en las combinaciones de dados. Para ilustrar este punto, se puede usar una apuesta de lugar. Un juego que, como ejemplo (una apuesta), tiene que ser puesto directamente en el número 5, sólo puede ganar por un total de cuatro combinaciones de dados: 1-4, 4-1, 2-3, 3-2. ¡Eso es! ¡Eso es! Si 7 tiros, que tiene un mínimo de 6 ciclos, la apuesta pierde. Es de 6 a 4, o de 3 a 2, dependiendo sólo de las combinaciones de los dados.

Ahora veamos una apuesta que viene. Si la apuesta cae en la arena, gana 7 u 11 para un total de ocho combinaciones de dados y pierde 2 o 3, o 12, para un total de 4 combinaciones de dados. Esto es seis a cuatro, o dos a uno a su favor por la victoria inmediata contra la pérdida inmediata. Si la apuesta va al 5, ahora tiene otras cuatro combinaciones de dados para ganar. La apuesta que comenzó en el área de venida y fue al 5 tenía 12 dados para ganar, comparado con sólo cinco combinaciones para la apuesta de lugar del 5. Esta es una enorme ventaja. Esta investigación puede extenderse a todos los sitios de apuestas.

Además del hecho de que puedes tener probabilidades en todas las apuestas, la ventaja del casino en 4 o 10 es de 6,7 por ciento; en 5 o 9 apuestas, es de 4 por ciento; y en 6 y 8 apuestas, es de 1,5 por ciento. Las apuestas de Come, sin importar el número de probabilidades de que vaya es de 0,8 por ciento, las mismas probabilidades exactas que las probabilidades únicas pasan el tablero.

Para ganar en los dados, debes minimizar la ventaja del casino y usar la administración del efectivo para capitalizar todas las rayas, lo hagas o no. Eso es todo sobre las Técnicas Benson.

Blackjack

El blackjack es el único juego de casino en el que se juega cada carta para cambiar la ventaja o desventaja del jugador. El juego en sí mismo es un 4% a favor de la sala, principalmente porque si el dealer se quiebra y piensas quién se queda con el dinero... Por supuesto, la casa!

Usando una estrategia básica, esta ventaja de la casa puede reducirse al 1,5 por ciento. Es un buen juego en sí mismo. Debes esperar mostrar un retorno positivo a lo largo del tiempo con un juego simple y un manejo adecuado del dinero.

Además, el seguimiento de las cartas jugadas junto con la estrategia básica mejorará la ventaja del jugador en un 1 por ciento. El beneficio del jugador aumenta a medida que se dejan más cartas altas en la baraja no jugada (o zapato). Las cartas altas benefician al jugador, ya que le dan una mejor oportunidad de obtener un "beso" en la mano, y también aumentan la posibilidad de que el repartidor se separe. El traficante debe tener 16 años o menos. Crea un mayor riesgo de que el crupier se divida si quedan cartas altas.

Los métodos de conteo simple hi-lo y los métodos de agrupación de cartas (buenos para juegos de un solo mazo) son los más utilizados para el monitoreo. Una ventaja del 1 por ciento significa que el único juego de casino que ofrece al jugador un rendimiento estadístico positivo estimado es el blackjack profesional.

Baccarat

(lo mismo que los dados, la ruleta y otros) se considera un juego de expectativas negativas. Así que las probabilidades siempre favorecen a la casa. También digo que no hay un método de juego conocido que matemáticamente posicione las probabilidades a favor del equipo. Sólo se puede hacer el conteo perfecto de cartas de blackjack (por lo que no te dejan ganar mucho, por supuesto).

En Baccarat, la forma en que ganamos es seguir la tendencia. En cualquier serie de eventos aleatorios o casi aleatorios, emerge un patrón. Nota: no se pueden establecer números de probabilidad reales ya que dependen de mucho juego para lograr una significación estadística. En una dirección podrías estar sesgada: 50% más jugadores que banqueros (lo que, por cierto, estaría muy bien) por ejemplo.

El casino tiene un valor estadístico real ya que tiene mucha acción todo el tiempo. No podemos perder la oportunidad de jugar con ellos mismos. Sólo podemos perder porque no tienen suficientes jugadores o situaciones tradicionales de ganancias y pérdidas en el mercado. Pero no se pierden en la obra. Eso no es probable. Pero es posible que los jugadores individuales pierdan el casino. Esta pérdida es compensada por el casino porque tienen suficientes jugadores para hacer que las matemáticas funcionen para ellos a largo plazo.

Este es un último punto muy importante. Como no jugarás con las mismas estadísticas matemáticas que el casino a menos que juegues las 24 horas del día, esto se elimina inmediatamente por nuestras reglas de partida y administración del dinero. El casino sólo vence al juego de Baccarat por su moderación y/o mal juego.

Ruleta

La ruleta tiene una ventaja del 5,26 por ciento sobre el jugador. Esto se debe a que actualmente hay 38 números en la rueda: 1-36, 0 y 00. Sin embargo, los pagos se basan sólo en los 36 números, no en el 0 y el 00. El número único cuesta 35-1. En pocas palabras, 0 y 00 son el fondo del casino.

El casino tendrá una ventaja estadística sustancial durante un largo período de tiempo.

Matemáticas de Casino

- Requiere mucho juego para lograr probabilidades reales.
- Todas las estadísticas se basan en un número infinito de rollos.
- Diferencias en los tamaños de las apuestas.
- No te gusta el juego organizado, sobre todo en las reglas de salida y la administración del dinero.
- La ventaja estadística se asegura cuando se supera el tamaño de la obra.
- El casino ofrece cualquier inspiración para lograr esta ventaja matemática.

Casinos en línea: Matemáticas de los bonos

Los jugadores de apuestas en línea son conscientes de que estas últimas ofrecen diferentes incentivos. "Carga libre" parece atractivo, pero ¿son realmente útiles estos incentivos? ¿Son beneficiosos para los jugadores? La respuesta a esta pregunta depende de muchas circunstancias. Las matemáticas nos ayudarán a responder a esta pregunta.

Comencemos con un bono de depósito ordinario: mueves 100 dólares y obtienes 100 dólares adicionales para obtener 3.000 dólares. Este es un ejemplo típico de la bonificación del primer depósito. Los montos de los depósitos y las bonificaciones pueden diferir además de las tasas de apuestas necesarias, sin embargo una cosa que permanece sin cambios - el monto de la bonificación puede ser retirado después de la apuesta requerida. Por regla general, es imposible retirar dinero hasta este momento.

Si usted juega durante mucho tiempo y con bastante insistencia en el casino online, este bono le ayudará y será realmente considerado como dinero gratis. Si juegas a las tragaperras con un 95% de pagos, puedes obtener un bono de 2000$ de apuesta extra (100$/(1-0,95)=2000$) de media. Después de eso, la cantidad de la bonificación se habrá acabado. Sin embargo, puede haber complicaciones si sólo quieres mirar un casino durante mucho tiempo sin jugar si quieres ruletas u otros juegos, que no están permitidos por las reglas del casino para ganar bonos. En la mayoría de los casinos, no se permite retirar dinero o simplemente devolver un depósito si no se apuesta en los juegos a los que se permite jugar. Si quieres jugar a la ruleta o al blackjack y la recompensa sólo se puede ganar jugando a las tragaperras, haz un requisito de 3.000 dólares de apuestas, y perderás una media de 3.000 dólares*(1-0,95)=150 dólares en el 95% de los pagos. Como ves, no sólo pierdes la recompensa, sino que también te llevas 50 dólares. Es más fácil rechazar la bonificación en esta situación. Sin embargo, si el blackjack y el póquer sólo tienen un 0,5% para recibir la bonificación con una ganancia de un casino, debe esperar $100-3000* 0,005= $85 del efectivo del casino después de recuperar la bonificación.

Bonos "pegajosos" o "fantásticos": Los bonos "pegajosos" o "fantasma", el equivalente a las fichas de la suerte en los casinos reales, ganan cada vez más popularidad en los casinos. La recompensa es difícil de retirar, debe permanecer en el libro de cuentas hasta que se pierde completamente o se cancela cuando se retiran por primera vez los medios monetarios (desaparece como una fantasía). A primera vista, parece que tal recompensa no tiene mucho sentido, no obtendrás dinero de todos modos, pero no es totalmente cierto. Cuando ganas, la recompensa no importa, pero si pierdes, puede ser beneficiosa para ti. Has perdido 100 dólares sin un bono, y eso es todo, lo siento. Sin embargo, aunque sea una "pegajosa", 100 dólares siguen estando en su cuenta para ayudarle a salir de la situación. La posibilidad de ganar la recompensa es un poco menos del 50 por ciento en esta situación (por lo que sólo tienes que aplicar la cantidad total a las posibilidades de conseguir una ruleta). Para maximizar los beneficios de los incentivos "pegajosos", utilice la técnica "play all". Incluso si juegas pequeñas apuestas, la suposición matemática negativa de los juegos es que estás perdiendo lentamente y con seguridad, y la recompensa sólo prolongará el dolor y no te ayudará a ganar. Los jugadores inteligentes suelen intentar conseguir sus bonificaciones rápidamente: alguien pone la cantidad total con la esperanza de duplicarla (imagínate que apuestas cada 200 dólares por las posibilidades, es probable que ganes sólo el 49 por ciento por unos buenos 200 dólares, el 51 por ciento por unos buenos 100 dólares y 100 dólares por tu bonificación, es decir, una apuesta tiene buenas expectativas matemáticas para ti $200*,49-\$100*,51= 47$ dólares). Se recomienda determinar la ganancia deseada, como 200 dólares, e intentar ganar arriesgándose. Si ha pagado un depósito de 100 euros, ha recibido un depósito "pegajoso" de 150 dólares y tiene previsto añadir una suma de hasta 500 dólares en sus cuentas, entonces la probabilidad de alcanzar su objetivo será de $(100 + 150)/500=50$ por ciento), y en este punto, la cantidad real del bono que desea es de $(100 + 150)/500*(500-150)-100=75$ dólares.

La recompensa de reembolso: un bono, es decir, la devolución de la pérdida, rara vez se encuentra. Se pueden establecer dos opciones: la devolución total del depósito perdido, en la que el dinero devuelto normalmente se ganará como recompensa diaria o una devolución parcial (10-25 por ciento) de la pérdida durante el período especificado (una semana o un mes). En el primer ejemplo, la condición es casi la misma con una recompensa "pegajosa": si ganamos, la bonificación no tiene sentido, pero ayuda si perdemos. Las estimaciones matemáticas también equivalen a la recompensa "pegajosa", y la estrategia del juego es similar: nos arriesgamos a intentar ganar todo lo que podamos. Si no tenemos suerte y perdemos, podemos jugar con la ayuda de la devolución del dinero, reduciendo ya el riesgo. Parte de la pérdida para un jugador activo puede considerarse como un beneficio marginal para los casinos en los deportes. Cuando juegas al blackjack al 0,5% de aritmética, puedes perder un promedio de 50.000 dólares después de apostar 10.000 dólares. Con una devolución del 20% de 10 centavos, perderá 40 dólares, lo que equivale a una mejora de la expectativa matemática hasta el 0,4% (ME por devolución= ME teórica del juego* (1% de devolución). Sin embargo, la recompensa también puede ganar, así que tienes que jugar menos. Hacemos una sola pero alta apuesta por las mismas apuestas en la ruleta, por ejemplo, 100 dólares. Volvemos a ganar 100 dólares en el 49% de los casos y el 51%, perdemos 100 dólares. Al final del mes, recuperamos nuestro 20%, que son 20 dólares. El resultado es, por lo tanto, $100*

0.49-($100-$20)*0.51=$8.2. Los riesgos son entonces positivos, pero la dispersión es grande porque podemos hacerlo muy raramente, una vez a la semana o incluso una vez al mes.

Haré una breve declaración, ligeramente desviada del tema principal. En el foro del casino uno de los jugadores comenzó a alegar que los torneos no eran justos, argumentando lo siguiente: "Ninguna persona normal haría nunca una sola apuesta en los últimos 10 minutos del torneo que sea 3,5 veces más alta que la suma del premio (100 dólares), en nombre de una pérdida total para ganar. La situación es muy similar a la versión con un retorno de pérdidas. Si una apuesta ha ganado... ya estamos en números rojos. Si ha perdido... vamos a recibir un sorteo de un torneo de 100 dólares. La expectativa matemática de la apuesta anterior es, por lo tanto, 350$*, 350,49$ (350-$100)*0,51=$44. Claro que hoy perderemos 250$, pero mañana podemos ganar 350$ y, en el transcurso del año, podemos acumular bastante bien 365$* 44$= 16.000$. Una vez resuelta una simple ecuación, encontraremos que apuestas de hasta 1900 dólares son rentables! Obviamente, tenemos miles de dólares en nuestra cuenta para tal juego, pero no podemos culpar a los casinos o jugadores deshonestos por ser tontos.

Volvamos a nuestros bonos, el más "gratis", sin depósito. Últimamente se han visto cada vez más anuncios que prometen hasta $500 absolutamente gratis, sin ningún depósito. Obtienes 500 dólares en una cuenta especial y un tiempo de juego limitado (normalmente una hora). El patrón es el siguiente. Después de una hora, sólo obtienes el número, pero no más de 500 dólares. La ganancia se transfiere a una cuenta real donde tienes que recuperarla, como cualquier bono, normalmente 20 veces en las tragaperras. 500 dólares suena bien, pero ¿cuál es el precio real de la bonificación? Bien, la primera parte, tienes 500 dólares para ganar. Usando una simple fórmula, podemos ver que la posibilidad de ganar es del 50% (seguro y más bajo en la práctica). La segunda parte es que recuperamos el bono; tienes que conseguir 10.000 dólares en tragaperras. No conocemos las tasas de pago de las tragaperras, no son liberadas por los casinos y reflejan un promedio de alrededor del 95% (para las diferentes especies fluctúan entre el 90 y el 98%). Si está en promedio, entonces tendremos $500-10 000* 0,05= $0 en nuestra cuenta antes de que termine la apuesta, no es un mal juego... Si tenemos suerte de elegir una ranura asequible, podemos esperar $500-10 000* 0,02=$300. Mientras que la probabilidad de una tragaperras de alto pago es del 50 por ciento (ha escuchado las opiniones de otros jugadores porque esta probabilidad es casi del 10 al 20 por ciento, ya que hay pocas tragaperras generosas), el valor de un generoso bono de depósito libre es de 300$* 0,5* 0,5=74$. Mucho menos de 500$, pero no está mal, aunque podemos ver que la cantidad final del bono ha disminuido siete veces, incluso con las mejores suposiciones.

Consejos para estudiar matemáticas de forma más efectiva

¿Estudias matemáticas? ¿Hmmm? ¿Hmmm? Las palabras suenan como un oxímoron, como un jumbo de camarones. ¿Quién está aprendiendo matemáticas? La respuesta debería ser que todos estudian matemáticas. Lamentablemente, muchos estudiantes no saben cómo estudiar matemáticas o incluso cómo leer matemáticas ya que nunca se les enseñó. ¿Qué? ¿Qué? Oye, el libro de texto no es sólo una fuente de tareas. Realmente deberías aprenderlo, hacer lo que lees, tomar notas, estudiar los apuntes y actualizarlos cada día. En este capítulo, entraré en más detalles.

Si eres profesor de matemáticas, asegúrate de enseñar el CÓMO a tus estudiantes, que no saben realmente cómo leer y aprender matemáticas. Si eres padre, ten cuidado de entender lo que te estoy explicando.

Podrías ayudar a tu hijo enormemente sin entender las matemáticas sólo sabiendo lo que debe hacer y caminando de vez en cuando y pidiendo un rápido "Háblame de tal sección". No tienes que preguntar las respuestas. Sólo escucha las preocupaciones en el discurso. Esto demuestra que se necesita más entrenamiento.

10 consejos para el estudio efectivo de las matemáticas:

1) Lea todo el capítulo antes de que el profesor empiece a hablar de él en el aula. Esta interpretación no es comprensible, sólo lo que se conoce como preexposición. Sabrás lo que vas a investigar. Está preparando el escenario. Nota: Lea en silencio. La lectura en silencio puede mejorar significativamente tu aprendizaje. Esto añade un sentido visual como método de entrada, y pronto sabrás qué palabras no puedes pronunciar.

2) Tomar grandes notas de clase. Escriba todo lo que está escrito en la mesa. Adjunta tus propios pensamientos a tus notas mientras haces y respondes preguntas. Nunca supongas que vas a recordar. El cerebro no funciona así. La función principal del cerebro es la supervivencia, y el entrenamiento NO es saludable. Necesitas proveer los instrumentos para ayudar al cerebro a entender. El aprendizaje requiere muchas repeticiones de hechos o habilidades. Me refiero a unas 50 repeticiones, a veces más, a veces menos, pero no todas al mismo tiempo. Requiere mucho entrenamiento. No puedes hacer lo que olvidaste y no anotaste. Tus notas son tu red de seguridad, y quieres una que sea fuerte.

3) Pregunte inmediatamente sobre cualquier cosa que no entienda. No dejes la clase sin preguntas sin responder a menos que el tiempo se esté acabando. Intenta obtener tus respuestas en el almuerzo o después de la escuela si esto sucede. También debes tener en cuenta que la presión negativa de los compañeros no debe impedir que te apoyes a ti mismo. A veces los niños pueden ser muy desagradables para los alumnos que se esfuerzan y trabajan duro. Nota, están tratando de manipularte porque van a parecer pobres. Quieres detenerte para tu beneficio, pero estás construyendo este TU futuro. Dejar que algo negativo pase. Sé un pato. No recordarás sus nombres en unos pocos años.

4) Tómese un descanso en casa para refrescar su cerebro y luego construya su área de estudio. Asegúrate de tener un ambiente para estudiar sin distracciones: sin música, sin televisión, sin ordenador, etc. El cerebro no puede hacer múltiples tareas. Si busca un análisis eficiente, elimine los obstáculos, para lograr más en un período más corto. (Lo siento, pero eso es cierto.) En general, es mejor hacer la tarea de matemáticas y estudiar antes que otras asignaturas, si se encuentra con dificultades en las matemáticas 5) Continúe su estudio releyendo todos los capítulos cubiertos hasta ahora. Ayuda a mantener todo el capítulo del cerebro en lugar de muchas partes desconectadas. Muchos estudiantes tienen problemas para entender cómo las

diferentes secciones van juntas porque nunca leen el capítulo completo. Confieso que aprender matemáticas puede ser aburrido. No es la pieza más interesante que has leído, pero es una de las más importantes. Recuerda: lee en voz alta. Lee en voz alta.

6) Detente al final de cada sección cuando leas matemáticas y pregunta qué acabas de escribir. Si no puedes responder, vuelve a leerlo. Repítelo hasta que puedas explicártelo en voz alta y con confianza. Una vez que empiece esta técnica con el primer segmento y se mejore, el cerebro empezará a concentrarse en el tema porque sabe que hay una pregunta que hacer. Si se va de un párrafo a otro, cuestione no sólo el significado de esta sección sino también qué tiene que ver con las demás. Cada segmento debe ser visto como una pieza de rompecabezas, y todas las piezas van juntas.

7) Abre tus notas ahora y revísalas. Revisa las notas de los días anteriores fácilmente. Mira las notas actuales con más claridad y léelas... FUERA DE LA ZONA.

8) Piense en este párrafo como si el estudio estuviera terminado. ¿Qué vas a incluir? ¿Qué preguntas puedes hacer? Ten un osito de peluche o una foto de alguien en tu área de estudio. Enseñe la sección... en voz alta de esta

persona. Enseñar a otra persona es la forma más rápida de aprender o mejorar el conocimiento.

9) Empieza a trabajar en tus deberes si crees que conoces los detalles con seguridad. Debes construir una guía de estudio con tu tarea, un informe que puedes recoger cada dos o tres meses para explicar exactamente qué es esta sección, cómo resolviste los problemas y cómo lo hiciste de esa manera. Una lista de respuestas no sirve de nada. El profesor no lo necesita, así que mañana no significará nada para ti. ¿Por qué se perdió el tiempo? Esto ahora le ahorra mucho tiempo y estrés cuando el tiempo de la prueba o el examen final se ha completado. Este proceso hará mucho para asegurar que esta información esté plantada firmemente en su cabeza y que las pruebas se realicen rápidamente.

10) Repita cada sección de este proceso. Sé que suena como si llevara horas, pero si utilizas esta técnica del capítulo 1, donde el contenido se revisa o se marca el ritmo normalmente, el cerebro empieza a hacerlo en un auto-piloto. Requiere más atención para que puedas responder a tus preguntas fácilmente y explicar las cosas rápidamente.

El día de la revisión es fácil si has seguido fielmente estos diez pasos. Si encuentras algo que no recuerdas, toma nota especial y pasa más tiempo en casa. No te levantes para el

examen, y no te quedes hasta tarde. Confía en ti mismo.
Créase a sí mismo. Tienes los detalles en tu cerebro. Sólo
necesitas descansar para que tu cerebro funcione
correctamente. Sólo revisa tu hoja de estudio en la mañana
del examen, o busca tus notas y páginas de tareas fácilmente
- tus recursos de estudios primarios.

Aprender matemáticas de memoria - Un enfoque cuestionable

¿Alguna vez has intentado aprender matemáticas o
memorizar mucha información matemática? Aunque el curso
de acción es difícil, el resultado puede ser impresionante.
Este enfoque del aprendizaje de memoria puede ser
apropiado, por ejemplo, para la enseñanza de las
matemáticas o de las materias basadas en el conocimiento.
Pero, ¿este enfoque se adapta a la enseñanza superior?

Como ya se ha mencionado, cuando la enseñanza de las
matemáticas se realiza en el nivel primario, puede que no
haya datos suficientes para comprender y preocuparse. Con
los buenos resultados, el enfoque de aprendizaje de memoria
puede incluso ser adoptado. ¿Pero es ese el camino correcto
o apropiado para la formación en matemáticas? En la
enseñanza superior de las matemáticas, los conceptos más

abstractos y las expresiones matemáticas, la recopilación de información y las diversas medidas son una tarea difícil. El rendimiento de muchos estudiantes de matemáticas que practicaban el enfoque de aprendizaje por el corazón se ha visto dramáticamente afectado. Esto hace que teman a las matemáticas y que teman la situación de ansiedad no deseada de las matemáticas. Como resultado, su confianza en la resolución de preguntas matemáticas disminuyó. Los niveles más altos de matemáticas requieren una mezcla de instrumentos de resolución matemática y un análisis detallado de la estrategia de resolución. La elección de instrumentos adecuados y su método de acompañamiento para la resolución de una materia matemática específica no puede lograrse mediante la memorización porque la combinación es demasiado grande para cubrirla. En consecuencia, el aprendizaje a ese nivel adquiere una plataforma diferente.

Un mejor medio para estudiar las matemáticas es comprender los conceptos matemáticos en lugar de enfatizar la verdad. Aprende a resolver y a concentrarte en vez de cuando, aunque los dos se complementan. Este es un método estándar por el cual el aprendizaje comenzará desde el primer día de las matemáticas. La costumbre de los conceptos matemáticos es buena cuando las matemáticas avanzadas entran en el cuadro del aprendizaje. Las matemáticas parecen ser una asignatura especial que difiere del resto de las asignaturas del conocimiento porque las variables, expresiones y ecuaciones matemáticas en su lenguaje están incrustadas. Hay varios giros y vueltas cuando se hace una simple pregunta sobre matemáticas. Si no se comprenden los conceptos subyacentes del tema de las matemáticas, será difícil avanzar y resolver los problemas de las matemáticas a menos que se utilice el terrible enfoque.

La mejor manera de aprender, especialmente en matemáticas, es relacionar los hechos matemáticos con la capacidad de pensar, donde la conceptualización forma parte de ello. Los vínculos establecidos con muchas actividades matemáticas se fortalecerán con el tiempo. Por lo tanto, la capacidad de resolver problemas matemáticos en cualquier momento refleja la habilidad de uno para manejar las matemáticas. El aprendizaje de las matemáticas de memoria no logrará este objetivo ya que el tiempo y la cantidad disminuyen la memoria. La retención del conocimiento va de la mano con una profunda comprensión.

Albert Einstein dijo una vez: "La educación es lo que queda después de que uno ha olvidado todo lo que ha estudiado en la escuela". El aprendizaje mediante la vinculación de los hechos matemáticos con los hechos lógicos permanecerá mucho tiempo después de que se logre la verdadera comprensión. Los hechos que memorizan efectos negativos pierden la importancia de la educación matemática cuando se olvida la información aprendida.

Por lo tanto, es mejor centrarse en el estudio de las matemáticas en la comprensión de conceptos en comparación con la forma lineal pura de memorizar datos matemáticos, como resultado, dura más tiempo para la comprensión real de las matemáticas y sus aplicaciones. Mejorar los hábitos de acercamiento a las lecciones y tutoriales de matemáticas mediante la comprensión de los conceptos implicados en cualquier ejemplo dado, en lugar de hechos numéricos y pasos específicos. Este hábito facilitará la aceptación de conceptos matemáticos complejos más adelante en la educación matemática a un nivel más alto.

El significado y la naturaleza de las matemáticas

"Las matemáticas son realmente la ciencia de los números y los espacios" "las matemáticas son la ciencia de la medida, la cantidad y la magnitud". Estas definiciones muestran claramente que las matemáticas son aceptadas como la ciencia que aborda la dimensión cuantitativa de nuestra vida y conocimiento.

Las matemáticas también han sido reconocidas a lo largo de los siglos como una de las principales cadenas de la actividad intelectual humana.

La palabra "matemáticas" se usaba en dos sentidos diferentes. Es decir, uno como medio para resolver problemas de calidad, lugar, orden, etc., y el segundo como un conjunto de leyes o generalizaciones de verdades que se descubren.

Las matemáticas son un instrumento especialmente adecuado para tratar conceptos abstractos de cualquier tipo, y su poder en este campo no está limitado.

En otras palabras, las matemáticas pueden ser consideradas como una ciencia de las formas abstractas, ya que encontramos resultados a nivel abstracto con la ayuda del proceso de razonamiento.

"Matemáticas (Ganita) significa la ciencia del cálculo", como dicen los matemáticos hindúes. De las opiniones anteriores, mencionamos que las matemáticas son una ciencia de calidad y del espacio. Aborda cuestiones y problemas relacionados con el tamaño, la porción, el área, el intervalo de tiempo, la distancia, etc. También es una ciencia de cálculo que incluye el uso de números y símbolos.

Se discute la relación entre las magnitudes. Cubre la parte numérica de la vida del hombre.

Por lo tanto, es una rama de la ciencia sistemática, organizada y precisa que se ocupa de conceptos abstractos.

NATURALEZA MATEMÁTICA Como todo lo que el hombre ha creado, las matemáticas existen para satisfacer ciertos deseos y necesidades humanas.

El interés intelectual humano dominante muestra que las matemáticas atraen muy fuertemente a la raza humana.

Incluye los altos poderes cognitivos de los humanos.

Tiene sus propios signos de lenguaje, símbolos, términos, operaciones y más.

Tiene sus propios instrumentos, como la intuición, la lógica, el razonamiento, el análisis, la construcción, la generalidad y la personalidad, etc.

Ayuda a sacar conclusiones e interpretar diferentes ideas y temas.

La ciencia del razonamiento inductivo y deductivo en las matemáticas.

El razonamiento inductivo significa que si en un número suficiente de casos una propiedad determinada es verdadera, lo será en todos los casos similares.

El razonamiento deductivo se basa en axiomas, postulados, verdades obvias, definiciones y términos no definidos.

"Las matemáticas son una forma de pensar". Las matemáticas pueden ser usadas en dos significados diferentes, es decir, yo la verdad descubierta y (ii) los métodos de aprendizaje de la verdad.

Dos tipos de matemáticas son puras, y las matemáticas aplicadas Las matemáticas puras se ocupan de las teorías y los principios independientemente de su aplicación.

El lado práctico de las matemáticas puras se aplica a las matemáticas.

Por lo tanto, cada invento y descubrimiento en el campo de las ciencias físicas, biológicas o sociales, debe mucho a las matemáticas aplicadas.

La ciencia de los números y el espacio. "La ciencia de las mediciones, la cantidad y la magnitud". Los componentes esenciales de las matemáticas son la racionalidad, la precisión, la originalidad del pensamiento, la certeza de los resultados, la transferencia del aprendizaje en cuanto al razonamiento de hoy en día, y la verificación.

Las matemáticas son una manifestación de la mente humana que refleja la voluntad activa, la razón y el deseo de perfección estética. La intuición y la lógica, la construcción y el análisis, la generalidad y la individualidad son los elementos fundamentales de esto.

Consejos y trucos para convertirse en un genio de las matemáticas

Hay muchas razones por las que la gente está fallando en matemáticas. Mucha gente lo odia desde el alma, muchos empiezan a temblar, algunos tienen pesadillas. Algunos incluso se asustan cuando se encuentran con un típico problema matemático.

Pero hay mucha gente que ama las matemáticas y juega con las sumas. Usan sabiamente las matemáticas en su vida cotidiana.

Entonces, ¿qué se necesita para convertirse en un maestro de las matemáticas? Bien, la respuesta es que hay que seguir ciertas pautas para que las matemáticas sean cómodas.

Eres un estudiante, y tratas de anotar y tener pesadillas en tu clase. Todo lo que necesitas saber es que las matemáticas fundamentales se basan en la práctica.

Las matemáticas básicas son una cosa en la que un estudiante puede conocer los principios fundamentales de las matemáticas. Este tipo de matemáticas se basa, por lo tanto, en fórmulas. Sólo hay una forma de dominar este tipo de matemáticas, que es concentrarse más en los conceptos, practicar las sumas y probar algunas otras variaciones de las sumas.

Esto te ayuda a hacerte con las matemáticas rápidamente. Todo lo relacionado con el aprendizaje y la práctica es matemática básica. Sigue las reglas de arriba.

CAPÍTULO NUEVO

Sutras de matemáticas védicas

Los sutras védicos se derivan de antiguas escrituras hindúes y textos para aquellos que están totalmente en la oscuridad. Actualmente se ve como un sistema alternativo de matemáticas en comparación con las matemáticas modernas. Esto se debe a que permite a los estudiantes tratar con grandes números rápidamente en la enseñanza de hoy en día. Es esencialmente una buena manera de manejar los números que de otra manera alcanzaría una calculadora automáticamente.

Como saben, las matemáticas modernas se refieren al plan de estudios de matemáticas que se enseña actualmente en escuelas, universidades y colegios de todo el mundo. Las matemáticas védicas han introducido un tipo diferente de sistema de aprendizaje matemático. Se enseña en varias escuelas de Londres, India y otros lugares.

¿Qué es un sutra? ¿Qué es un sutra? Un sutra que se refiere en este caso a un sutra hindú es simplemente una composición literaria de naturaleza distinguible, fácilmente comprensible y que utiliza principalmente términos técnicos.

Una referencia a los textos religiosos hindúes y las escrituras es Vedas o la palabra Védica.

Los sabios, santos y videntes del hinduismo en el universo cósmico percibieron los milagros de las matemáticas. Por lo tanto, nació la matemática védica. Fue escrito en antiguas escrituras y textos hindúes, principalmente en sánscrito.

Pero Sri Bharati Krishna Tirthaji, un erudito en áreas como las matemáticas, la historia, la filosofía y el sánscrito, ha llamado la atención de este mundo. Publicó su libro, Matemáticas Védicas, en 1965. Según él, esta línea de matemáticas contiene diecisiete sutras y subsutras.

Algunos de los diecisiete sutras se llaman verticalmente y transversalmente, transponer y cambiar, sumar y restar y terminar o no terminar. Todavía hay una gran cantidad de investigación en el área del cálculo, la geometría y las computadoras para encontrar aplicaciones simples de las matemáticas védicas. Sin embargo, muchas escuelas, colegios y universidades enseñan matemáticas védicas a sus estudiantes.

Contrariamente a algunas de las ideas más convencionales de las matemáticas modernas, las matemáticas védicas dan a los estudiantes la oportunidad de encontrar sus propios métodos en lugar de utilizar la colección de métodos. Es flexible, en otras palabras. También se utilizan cálculos mentales. Vale la pena mirar las calculadoras y las tabletas incluso en estos días. Además de cualquier otra cosa, te da una simple prueba de si has introducido los números correctos. Por lo tanto, los científicos que usaron las unidades equivocadas y estrellaron esa prueba en Marte habrían sido útiles.

Las matemáticas mentales y su importancia

Las matemáticas mentales, como su nombre lo indica, tratan un cálculo mental de medidas matemáticas. Se trata de un entorno en el que el cálculo se lleva a cabo de forma separada de las lecciones estándar en el aula. Es un entorno que se centra más en el pensamiento interno y simplifica los pasos que la mente puede dar. El flujo de pensamientos en un aula está escrito en material físico, como papel y pizarras. Este tipo de enfoque enfatiza el aspecto visual de la presentación para mostrar la comprensión. La respuesta puede no ser inmediata, o más bien, no es urgente.

El objeto difiere de las matemáticas mentales. Este formulario responde a la necesidad de obtener respuestas inmediatas, como resumir los precios de los artículos recogidos en un centro comercial antes de acercarse al cajero.

Debido a las diferencias de intención, en términos de enfoque y contexto, las matemáticas mentales se desvían de la norma. Su enfoque para obtener una respuesta debe ser simple y puede requerir múltiples iteraciones de los mismos pasos. Por ejemplo, un número debe ser dividido por ocho. Aquí, el número puede ser dividido por un número más pequeño, como dos, primero, antes de repetir los mismos pasos dos veces para lograr la división por 8 (2x 2x 2= 8). Un solo paso con una calculadora resolverá el problema en el cálculo del aula. La idea es, por lo tanto, utilizar números pequeños y manejables en conjunción con operaciones matemáticas básicas. Para facilitar el cálculo, los números grandes suelen dividirse en números más pequeños. Por ejemplo, 12 se divide en 10+ 2. El uso del Número 10 es el objetivo porque la división y la multiplicación son más fáciles de manipular. Por consiguiente, el alcance se limita a un número reducido y a pasos operativos sencillos, ya que este método reduce al mínimo la cantidad de datos que deben almacenarse.

Otra diferencia es el número de parte del recuerdo. La presentación psíquica comienza con un dígito más grande. El número 357 es un ejemplo. La figura 3 comienza primero antes de la figura 5, seguida del último dígito 7. Esto se debe a que la lectura de los números siempre comienza con la misma ruta de procesamiento. El procesamiento comienza con el último dígito 7 para la presentación escrita, pasando a los diez dígitos del 5 y finalmente al dígito más grande del 3. Se pueden ver en conflicto. Las matemáticas mentales deben, por lo tanto, comenzar a computar de izquierda a derecha, a diferencia del método de computación tradicional.

Las matemáticas mentales tienen su importancia única, aunque ambos métodos tienen sus méritos y méritos. Para tener un buen desempeño en este campo, es necesario comprender las matemáticas básicas y sus aplicaciones a un nivel aceptable. Esto es para proporcionar una mayor flexibilidad en el cálculo mediante la combinación de operaciones sencillas con el fin de hacer frente a un problema más difícil. La habilidad adquirida tiene un gran impacto en la relación entre los conceptos matemáticos y la verdad. También puedes responder a preguntas complejas dividiéndolas en pasos más pequeños y sencillos. Esta habilidad no puede ser enfatizada durante las preguntas de la clase, en las que la repetición constante de pasos sencillos se considera inapropiada. El valor del aprendizaje también ayuda a aprender el aula habitual, ya que los cálculos básicos sobre un tema complejo pueden realizarse más rápidamente sin la ayuda de una calculadora. La ventaja es que el cerebro tiene muchas oportunidades de elegir pasos de solución adecuados que no necesitan la ayuda de materiales y dispositivos de referencia, como la calculadora. La capacidad de memoria se refuerza con la aritmética abstracta.

Además, las matemáticas se pueden lograr en muchos aspectos. Las matemáticas mentales son una forma de responder rápidamente a números más pequeños y operaciones simples. También complementa el aprendizaje convencional, menos computarizado, en el aula. Esto reduce el proceso de razonamiento y planificación a un sistema o estilo establecido, pero proporciona versatilidad en la estrategia para la resolución de las matemáticas.

Matemáticas: Historia e importancia

Veamos primero los orígenes matemáticos: ¿cómo se desarrollan las matemáticas? ¿Qué hizo? ¿Empezó primero? Para muchas personas que están bien versadas en los fundamentos del pensamiento matemático, la evolución de las matemáticas se está convirtiendo en una constante (y creciente) colección de expresiones temáticas.

Los números son la primera abstracción que muchos animales comparten con nosotros. ¿Qué quiero decir? El reconocimiento de que un cierto número de objetos, incluyendo dos árboles y dos bananas, son idénticos en cantidad. A menudo se conoce como la primera aproximación que puede distinguir la cantidad y las recurrencias de la cantidad.

La capacidad de considerar y percibir cantidades abstractas no físicas como el tiempo y la aritmética elemental aumenta desde la primera abstracción. No tienes que ver que tres objetos de 4 objetos son un solo objeto. A partir de ahí, la resta, la multiplicación y la división empezaron sólo de forma natural.

De hecho, las matemáticas preceden a la escritura y la comunicación, y se registran los métodos primitivos de conteo, incluyendo cuerdas anudadas o cuentas. Las estructuras numéricas se remontan a los antiguos chinos y egipcios. Se utilizan para todo tipo de cosas, desde la vida cotidiana (pintura, tejido, grabación), hasta matemáticas más complejas, incluyendo aritmética, geometría y álgebra, para consideraciones fiscales, comerciales, de construcción y de tiempo. Esto también se centró a menudo en la astronomía sobre el tema del tiempo.

Los antiguos egipcios y babilonios podían usar las matemáticas, y se especulaba que las pirámides estaban más muertas que las tumbas de los antiguos reyes; las pirámides fueron también las primeras computadoras. Las medidas y la orientación de las pirámides permitieron a los ancianos realizar cálculos complejos, al igual que podíamos utilizar una tabla de registro antes del uso generalizado de las calculadoras.

¿Y dónde comenzó su verdadero estudio académico de matemáticas? En la antigua Grecia, las matemáticas de la geometría, los vectores, la diferenciación, la integración, la mecánica, las secuencias, la trigonometría, la probabilidad, los binomios, las estimaciones, las hipótesis de prueba, los distribuidores geométricos y exponenciales, y las funciones hiperbólicas (por nombrar algunas de las de la cabeza) comenzaron desde el año 600 a.C. hasta el 300 a.C.

Las matemáticas se han aplicado a la ciencia desde sus humildes orígenes hasta los nudos atados y han sido de gran valor para ambos campos de estudio. De hecho, aquellos que no saben matemáticas no pueden apreciar completamente la belleza de la naturaleza. Me atrevería a decir que sin las matemáticas, no hay verdad. Todo sin un número es sólo una opinión. Todo lo que encontramos como indicadores subjetivos son en realidad mediciones cuantitativas que han alcanzado un cierto punto, después del cual se da una cierta marca. Por ejemplo, cuando decimos que la medicina funciona, en realidad queremos decir que el 70% de las personas que tienen una dosis determinada de la medicina durante un cierto período de tiempo pueden haber experimentado una disminución del 90% de sus síntomas.

Por lo tanto, nuestro umbral de' trabajo con drogas' es del 70 por ciento.

Cómo enseñar matemáticas de manera efectiva para los estudiantes de la escuela

Cada profesor se enfrenta al mayor desafío de cómo enseñar de forma efectiva. Es posible para todos los profesores, pero más significativo para los profesores de matemáticas porque el profesor de matemáticas es la principal causa de que a los estudiantes no les gusten las matemáticas. La escuela es responsable de delinear los objetivos del curso. Sin embargo, el maestro debe ser responsable de diseñar cómo se logran los objetivos.

El primer objetivo del educador es lograr una enseñanza efectiva para promover la comprensión de los conceptos para los estudiantes. Una enseñanza efectiva implica que el conocimiento del estudiante sobre el tema cambia positivamente. El instructor debe seguir un buen algoritmo para lograr este objetivo.

El profesor debe primero esbozar el plan de estudios y seleccionar un libro de texto adecuado. Para un profesor de matemáticas, es muy necesario elegir un buen libro de texto. La mayoría de los estudiantes a los que no les gustan las matemáticas y no les gustan los profesores de matemáticas es porque no entienden. Por eso es importante elegir un libro de texto fácil de usar y de entender.

Además, para cada nuevo concepto o idea, el instructor completará múltiples ejemplos en la pared. Esto realmente hace posible que el estudiante entienda los principios. Explicar muchos conceptos con ejemplos probablemente haría que los estudiantes se cerraran y redujeran el enfoque de su instructor.

Los estudiantes deben ser capaces de hacer tantas preguntas como sea apropiado durante el curso. El profesor debe estar muy interesado en sus preguntas y comprenderlas cuidadosamente.

El instructor hará la clase más interesante utilizando calculadoras para realizar experimentos de laboratorio. Muchas nuevas e innovadoras calculadoras de software inspirarían al profesor a hacer muchos experimentos emocionantes en el laboratorio.

La clase también sería divertida, jugando juegos de matemáticas y resolviendo puzzles matemáticos. Los premios simbólicos deben ser otorgados a aquellos que obtengan una alta puntuación en los juegos o rompecabezas. Por ejemplo, los que obtienen un cierto puntaje reciben insignias matemáticas de cinturón rojo, y los que lo hacen mejor reciben insignias matemáticas de cinturón negro. Aquellos que se equivocan recibirán un icono con una cara sonriente que anima al estudiante a hacerlo mejor la próxima vez.

Primero, se deben dar tarjetas de memoria para ayudar a los estudiantes a memorizar las fórmulas. Estas tarjetas deben ser lo suficientemente pequeñas para caber en sus bolsillos. Se debe alentar a los estudiantes a que los lleven a verlos varias veces al día.

El profesor debe hacer pruebas regulares para que los estudiantes puedan clasificar y saber quién entiende y quién no. Los que lo hacen mal deben ser actualizados y luego evaluados por cambio y continuidad por el resto de la clase. Los que lo hacen bien en los cuestionarios deben ser recompensados simbólicamente.

El profesor debe proporcionar a los estudiantes miniproyectos que utilicen sus habilidades matemáticas para resolver algunos problemas reales. Las matemáticas son un tema real que es muy importante para nuestra vida cotidiana. En estas empresas, los estudiantes deben entender lo importante que son las matemáticas para mejorar nuestras vidas. Esto es suficiente en sí mismo para inspirar a los estudiantes a estudiar matemáticas.

Al final de cada curso, los estudiantes deberían recibir un cuestionario para preguntarles su opinión sobre el plan de estudios, la utilidad del curso, la comprensión de los conceptos, la forma de aplicar el material enseñado a cuestiones de la vida real en la clase, la contribución a su gusto por las matemáticas y las sugerencias que han hecho para mejorar el curso. Esa aportación debe tenerse en cuenta para mejorar continuamente el rumbo.

Matemáticas en la Universidad

Las clases de matemáticas en las escuelas secundarias son muy diferentes a las de las universidades. Sí, las clases de matemáticas en la universidad son más duras, pero es más que eso. Una vez que aprendes matemáticas en la escuela secundaria, ambos cursos tratan sobre la resolución de problemas. El profesor muestra a los estudiantes cómo resolver el problema usando la teoría, y luego los estudiantes lo prueban ellos mismos.

¿Qué está pasando en la universidad? En segundo lugar, las clases ahora son conferencias, por lo que el estudiante se enfrenta a las matemáticas en lugar de ser co-creado. Se muestran algunos problemas, pero la conferencia es a menudo mayormente teórica. La desventaja es que el estudiante debe elegir hacer las cosas fuera de la clase en el momento adecuado.

Muchas universidades tienen una hora por semana o dos semanas de tiempo de tutoría. En estos cursos, un estudiante de postgrado de la universidad también ayuda a los estudiantes a resolver problemas de una manera determinada. Aunque esto es bienvenido, el posgraduado no suele estar tan disponible como un profesor de secundaria. Lo mismo ocurre con el conferenciante. Sí, algunos profesores están muy contentos de ofrecer a los estudiantes ayuda individual, pero eso no es la norma. Muchos profesores se han tomado su tiempo en la investigación y consideran las clases como un papel secundario. Esto, por supuesto, no es cierto para todos los institutos del tercer nivel.

Por lo tanto, los cursos de matemáticas difieren. Por ejemplo, un estudiante que estudia estadísticas resolvería muchos más problemas que un estudiante que toma álgebra pura. La mayoría de las preguntas en álgebra pura no están "basadas en problemas" sino "basadas en pruebas". Es decir, en las clases numéricas, el estudiante tendrá que resolver un problema, y los estudiantes probarán mayormente un resultado en las clases de matemáticas puras. El primero recuerda las clases de matemáticas en las escuelas secundarias.

Mi consejo a los estudiantes que asisten a un curso de matemáticas en una universidad es que se mantengan al día con las preguntas o problemas asignados por el profesor. No tendrás la misma oportunidad en el instituto para resolver tus problemas. Las matemáticas no son un deporte para espectadores; tienes que concentrarte en ellas. Las matemáticas son presentadas a los estudiantes como algo para "jugar", pero también funciona. Y naturalmente, si tiene problemas en su curso, ¡busque ayuda inmediatamente!

CAPÍTULO DIEZ

Matemáticas vs. Ciencia

Las matemáticas no son ciencia. De hecho, es exactamente el enfoque opuesto al de la física, por ejemplo. Las matemáticas son un juego complejo en el que las reglas se determinan desde el principio del juego. Entonces se prueban los teoremas; hechos ya ocultos implícitamente en estas leyes. Por lo tanto, se puede decir que las matemáticas son la cosa más simple del mundo, ya que todo está dado desde el principio, pero, por supuesto, para atraer y comprender lo que ya está incluido en las reglas, se requiere un increíblemente agudo cerebro de inicio de supuestos (' postulados') que pueden ser demostrados o refutados.

Para la física, es lo contrario. Observamos el mundo y buscamos entender cómo funciona. En otras palabras, tratamos de encontrar las leyes que la naturaleza sigue. Al menos creemos que la naturaleza cumple con la ley. Pero la técnica es complicada porque nunca sabemos algo completamente. Es un poco como cubrir grandes secciones de un tablero de ajedrez y luego tratar de averiguar las reglas, teniendo acceso sólo a algunas de las 64 casillas del tablero (sin conocer las delicias del ajedrez). Por ejemplo, supongamos que sólo se pueden ver tres de las casillas; todo el conjunto de reglas del ajedrez será imposible de obtener.

No importa cuánto tiempo mires en tres casillas, difícilmente averiguarás lo que hacen las piezas - y por qué - durante una verdadera partida de ajedrez en las 64! --cuando no los ves. Aparecen en una escena al azar y de forma igual de errática dejan sus tres cuadrados. No pudimos conocer todas las reglas del juego.

Pero las leyes fundamentales de la naturaleza son aproximadamente las mismas, con la diferencia de que el número de "cuadrados" que debemos observar es probablemente mucho mayor que 64. Mientras que algunos científicos creen que eventualmente veremos la suma de todos los "cuadrados", otros piensan que sólo vemos tres o menos.

Entonces, ¿cuál es la similitud entre la física y las matemáticas?

Newton desarrolló una gran parte de las matemáticas modernas en el 1600 porque las necesitaba para analizar sus leyes de movimiento - la mecánica. Las matemáticas más modernas, como la teoría de grupos y la geometría diferencial, se desarrollaron "para su propio beneficio", pero se tomaron prestadas y se aplicaron pronto en la relatividad cuántica y general.

En 1960, Eugene Wigner, un renombrado físico, escribió esto "La irracional eficacia de las matemáticas en las ciencias naturales". Cómo se preguntaba Wigner, ¿son las matemáticas tan efectivas para explicar los fenómenos de la naturaleza, a menudo creados sólo por su propio bien (¡diversión!)? ¿Puede la existencia misma ser fundamentalmente matemática?

Es mucho más simple que eso, creo. Las matemáticas son un lenguaje que el cerebro humano construye. Aunque hoy conocemos el lenguaje más preciso, sigue siendo esencialmente un lenguaje. Las matemáticas son una especie de mapa de cómo funciona nuestro cerebro, con la lógica como brújula. En el futuro, consideraremos (inventaremos) un lenguaje aún más preciso que el de las matemáticas, que se utilizará entonces para explicar todo tipo de fenómenos. Como los frutos del cerebro humano son las matemáticas y la ciencia, también es completamente natural que se ajusten como guantes. Afirmar que el uso de las matemáticas en la física y otras ciencias es "irrazonable" es sugerir que nuestros instrumentos para hacer guantes son "irrazonablemente efectivos" para hacer un guante.

Una Licenciatura en Matemáticas

Casi todas las carreras y ocupaciones involucran a las matemáticas en la sociedad moderna. Ya sea que se trate de la aplicación de la ley, los negocios y la administración, la educación o la ingeniería, una persona encuentra las matemáticas de una forma u otra. En realidad hay muchas, muchas más carreras relacionadas con las matemáticas. Si un joven quiere una carrera excitante y exitosa en el futuro, debería obtener un título en matemáticas. No hay duda.

Incluso con mi limitada educación y experiencia, en varios aspectos de la vida, puedo ver la importancia de las matemáticas. Todo el mundo tiene que aprender aritmética simple para satisfacer las necesidades diarias a un nivel muy básico. Una persona podría necesitar recoger cupones para obtener descuentos en tiendas de alimentos, mirar las instrucciones para ensamblar muebles, o preguntarse cuántos galones de gasolina se necesitan para hacerlo durante la semana. No obstante, la mayoría de los adultos también deben considerar otros usos matemáticos, especialmente cuando evalúan las finanzas para comprar una casa o un vehículo, mantener y preservar un buen crédito, declarar los impuestos sobre la renta todos los años y pagar las facturas todos los meses. Aunque las situaciones matemáticas no siempre son financieras, algunas personas pueden construir un porche o un cobertizo, normalmente utilizan las matemáticas de forma arquitectónica, en relación con la vida cotidiana y personal de una persona.

En la sociedad moderna, la mayoría de las personas exitosas tienen un trabajo o un empleo. Estos trabajos implican diversas aplicaciones matemáticas de acuerdo con los requisitos y las situaciones. Un contador tiene deberes y responsabilidades separadas de las de un ingeniero, pero en ambas carreras existe un núcleo de matemáticas. ¿Pero por qué los individuos deben estudiar matemáticas exactamente? Las matemáticas son la base de cualquier profesión que una persona quiera ejercer. Un farmacéutico determinará el número de moléculas utilizando las fórmulas matemáticas, y un ingeniero usará este conocimiento de la física y la arquitectura para construir un edificio eficiente.

En conjunto con los funcionarios y científicos de todo el mundo, el gobierno entero de los Estados Unidos abraza plenamente las matemáticas. Hay nuevos descubrimientos matemáticos cada día. Estos descubrimientos y los inventos que siguen pueden ser aplicados a la vida cotidiana, la defensa nacional o a estudios astronómicos posteriores; las posibilidades son infinitas. De hecho, la Sociedad Americana de Matemáticas está reconocida por el gobierno de los Estados Unidos. Fundada en 1888 para promover los intereses de la investigación matemática, la AMS proporciona los objetivos y resultados de sus reuniones y publicaciones a las comunidades nacionales e internacionales. Gracias a su compromiso, una persona puede obtener fácilmente información en el mundo de las matemáticas e incluso se le puede ofrecer un trabajo para el gobierno federal.

Por supuesto, otra especialidad puede ser útil para una futura carrera; escritores, actores, médicos, abogados, funcionarios, etc. de éxito nos rodean. Sin embargo, una especialización en matemáticas será de gran utilidad, sobre todo si el estudiante quiere una carrera en continua evolución y expansión.

Matemáticas y Rompecabezas

Cuando éramos niños, a todos nos gustaban las matemáticas y los rompecabezas. Las matemáticas eran una herramienta muy importante para responder a preguntas como "Cuántos", "Quién es más viejo" y "Cuál es más grande". No dejamos de revisar un diccionario para encontrar un rompecabezas, como un juguete o un juego que pone a prueba tu propia ingenuidad. No nos importó un poco nuestra ingenuidad, sino que sólo aprendimos efectivamente nuevos conocimientos y habilidades que nos hicieron curiosos. Crecer ha sido muy divertido.

El tiempo trajo el cambio. El tiempo trajo el cambio. En la escuela, nos dimos cuenta de que el aprendizaje era un asunto serio, y mucho de ello ya no era entretenido para muchos de nosotros. Aunque no para todos. Algunos no pueden renunciar a sus anteriores actividades de entretenimiento cognitivo. Hay suficientes amantes de los rompecabezas como para que unos pocos inventen y publiquen rompecabezas, de acuerdo con la definición del diccionario, para desafiar la ingenuidad de uno, los viejos y los nuevos rompecabezas. Los más afortunados de la raza crecieron hasta convertirse en científicos, especialmente matemáticos. Como vocación, los matemáticos resuelven puzzles. Las listas de rompecabezas buscan rompecabezas en revistas, libros y en la web ahora.

Es difícil hacer una lista de todos los tipos de rompecabezas conocidos: rompecabezas de sierra, rompecabezas de deslizamiento, rompecabezas con bloques deslizantes, rompecabezas de lógica, labios, encriptación, crucigramas, juegos de estrategia, disección, cuadrados mágicos. Listas de rompecabezas y matemáticos preferidos. La mayoría de los matemáticos probablemente considerarán su clasificación como un rompecabezas que resuelve un nombre equivocado. (Probablemente se preguntarán -sólo en el caso- sobre la definición de un rompecabezas de resolución debido a su pensamiento.) Los matemáticos llaman a sus problemas de rompecabezas. Los problemas que se resuelven son lemas, teoremas y propuestas. ¿Por qué no se clasificarían como listas de rompecabezas?

Tanto los rompecabezas como los problemas matemáticos deben ser resueltos con perseverancia y genialidad. Hay, sin embargo, una profunda diferencia entre la resolución de rompecabezas y lo que los matemáticos hacen por sus vidas. La principal diferencia es la actitud hacia cualquiera de las dos actividades. Resolver un rompecabezas es un fin en sí mismo para una lista de rompecabezas. Para el matemático, resolver un problema es una ocupación agradable y deseable, pero rara vez es un logro satisfactorio en sí mismo (excepto en el caso de grandes problemas a largo plazo, como el último teorema de Fermat). En muchos casos, después de resolver un problema, el matemático intentará otra cosa: modificar o resolver en general el problema, encontrar otra prueba -quizás más simple que la original o más esclarecedora-, tratar de entender qué funcionó la prueba, etc., lo que llevará a otro problema, etc. Haga lo que haga, finalmente obtiene una red jerárquica de problemas teóricos interrelacionados. ¿Por qué el matemático está buscando nuevos temas?

La razón en las matemáticas es que, aunque muchos lo ven como una manipulación menos importante de símbolos abstractos, representa un notable poder de interpretación en su abstracción. Algunas matemáticas explican directamente los fenómenos naturales, y otras iluminan otras áreas de las matemáticas u otras ciencias. (V.I. Arnold, un famoso experto matemático ruso, incluso clasificó las matemáticas como la parte de la física donde los experimentos son baratos.) La comprensión de las matemáticas no sólo se basa en fórmulas, definiciones y teoremas sino, más aún, en esas redes de problemas relacionados. El proceso es muy parecido a la destilación en un tesauro de los muchos significados de una palabra en el tono único del concepto que representa. Las matemáticas, la ciencia más precisa de todas, es un diccionario de definiciones. Los matemáticos buscan el conocimiento. Buscando el conocimiento, disfrutan enormemente inventando y resolviendo nuevos problemas.

Las matemáticas y la hipótesis de simulación

Supongo que su elección está entre el puro azar (la Madre Naturaleza y/o la Hipótesis Multilineal) y un diseñador si acepta esa probabilidad de que nuestro Cosmos esté diseñado y afinado (no sólo para la vida, sino que permite que existan incluso átomos y moléculas y estructuras superiores como estrellas y planetas). En este último caso, hay que elegir entre lo sobrenatural (la Hipótesis de Dios) y lo natural (la Hipótesis de la simulación). ¿Qué sugeriría la Navaja de Ockham? ¿Cuál podría ser la función de las matemáticas?

En realidad hay un giro interesante en la hipótesis de la simulación. Es la Hipótesis de la mente o la Hipótesis del sueño. Sabes que tus fantasías pueden ser completamente verdaderas o que imágenes puede inventar tu imaginación. Tales visiones y fotografías son, por supuesto, una forma de realidad virtual también. ¿Somos el producto del mundo de los sueños de alguien?

Además de la mera posibilidad de que seamos seres de realidad virtual en un paisaje simulado por ordenador, las matemáticas son la siguiente mejor o segunda razón para tomar en serio la hipótesis de la simulación.

El lenguaje de nuestro cosmos está escrito en matemáticas, así que nuestra realidad es también una realidad matemática. La realidad de los juegos de computadora es también un hecho estadístico. Cualquier simulación de investigación "qué pasaría si" es una realidad matemática. Nuestra realidad puede, por lo tanto, ser como un Cosmos, un juego de ordenador, o un escenario de investigación "qué pasaría si".

Por primera vez, el conjunto de las leyes, principios y relaciones de la física pueden ser expresadas en los lenguajes matemático y matemático. Lo mismo se aplica a las ciencias químicas y también a las ciencias de la tierra y el espacio (astronomía/cosmología, meteorología, geología/geofísica, oceanografía física). Las matemáticas también están involucradas en el mundo natural y las ciencias biológicas.

¿Por qué podemos tener fractales como hojas, copos de nieve, nubes, relámpagos, costa, brócoli, etc. en la naturaleza?

Pi se produce en todas las formas que no tienen nada que ver con los círculos, aparte de la relación de una circunferencia con su diámetro.

¿Por qué tenemos relaciones significativas de valor matemático de la rotación del plano y de la música revolucionaria (octavas, cuartos, quintas, etc.)? ¿Por qué la relación de Oro es tan prevalente y agradable (en el cuerpo humano y especialmente en la cara humana).

¿Por qué la simetría está presente en la naturaleza?

¿Por qué hay tanta sobrerepresentación de los Números de Fibonacci (la secuencia de Fibonacci es 0, 1, 1, 2, 3, 5, 8, 13, 21, 34, 55, 89, 144, etc.) de refrigerante, piñas, girasoles, pétalos de flores (especialmente pétalos metálicos) incluso en la disposición de las hojas en un tocón?

¿Por qué la Constante Cosmológica está sintonizada con la potencia 120 en una parte de cada diez?

Pero antes que nada, ¿por qué el Cosmos está dominado y descrito por ecuaciones matemáticas (no por nuestras relaciones)? Las matemáticas, por ejemplo, son muy útiles para predecir.

Las etapas evolutivas de nuestro Sol, al llegar al final de su vida, contenían predicciones un poco fuera de lo común; la presencia del Planeta Neptuno (confirmado); el Bosón de Higgs (confirmado); la antimateria (confirmado); los neutrinos (confirmado), los Agujeros Negros (confirmado), la materia oscura (por confirmar).

Predicciones menos regulares incluyen eclipses, conjunciones, ocultaciones lunares y otras celestiales; si un asteroide pícaro golpeó la tierra o la perdió, y cuándo.

Por último, ¿por qué la ecuación matemática está tan bien entendida que en casi todas las situaciones, los coeficientes o exponentes son todos bajos en números totales (1, 2, 3, 4, 5) o simples (1/4, 1/3, 1/2)? Esto es imposible. No veo ninguna otra posibilidad lógica, pero las ecuaciones matemáticas que tratan de las leyes reales, los principios y las relaciones físicas, etc., fueron bien pensadas y diseñadas para ser lo más simples posible. El problema es, ¿quién? ¿Quién?

Por qué las matemáticas avanzadas son difíciles

Si se pregunta por qué tiene dificultades para entender las matemáticas avanzadas, podría pensar que la calidad de la escritura y la enseñanza en esta área es, en el mejor de los casos, abismal. Como estudiante graduado de matemáticas, puedo decir sin reservas que pocos libros y aún menos profesores pueden transmitir una comprensión de este tema a los niveles más altos. Sin embargo, las complejidades latentes del tema comienzan a manifestarse a medida que continuamos utilizando este método para comprender la naturaleza de los agujeros negros, la antimateria y la transcripción del genoma. Sin embargo, comprenderemos las matemáticas en proporción directa a nuestra comprensión de esta gloriosa ciencia a medida que avancemos y resolvamos los problemas.

Los límites de su comprensión matemática para muchas álgebras y pre-cálculos. La sola mención de estos temas puede llevar a muchos a evitar incluso tratar de penetrar en las profundidades del tema. Además, necesitamos herramientas mucho más avanzadas para entender la naturaleza del universo y los innumerables misterios de la vida: espacios topológicos, teoría de números avanzada, la teoría del caos y el cálculo diferencial parcial. Las ramas inferiores de las matemáticas proporcionan los instrumentos en bruto para desentrañar los secretos de estas altas ramas, pero una vez que han entrado en estos reinos superiores, las reglas de la mistificación, y la mayoría de ellos incluso han sido capaces de desentrañar los fascinantes misterios de las matemáticas.

En mi opinión, el principal problema para entender las matemáticas más avanzadas reside en la paciencia de los profesores y escritores que intentan publicar este material. Muchos profesores y catedráticos sostienen que un texto no proporciona suficiente espacio para desglosar el tema demasiado que hay demasiadas interrupciones en la continuidad para proceder de esta manera. Sin embargo, estos mismos "promotores" del tema pierden su audiencia en la práctica al no ofrecer una cobertura suficiente.

Personalmente, me gusta arrojar luz sobre los misterios matemáticos. Soy humano y estoy sujeto a la misma limitación de entendimiento que todos los demás. Por lo tanto, me parece disuasorio cuando no puedo hacer cara o cruz de las áreas más avanzadas de este tema. La gente interesada en las matemáticas quiere aprender cómo son las ecuaciones diferenciales parciales, el álgebra abstracta y las teorías subyacentes. Si tuviéramos mejores escritores y profesores, más gente (con talento para esto y futuros matemáticos) entendería las matemáticas avanzadas. Desafortunadamente, muchos de los que finalmente han comprendido el alcance más avanzado del tema insisten en que el "secreto" en este arcano se mantiene y que sólo ciertos elegidos pueden entrar en el círculo de la comprensión. Más educadores necesitan poner sobre ellos mismos y no sobre los estudiantes la carga de la comprensión. Sólo entonces podremos distribuir eficazmente la educación matemática y, por lo tanto, producir más científicos y matemáticos que al menos nos den la oportunidad de resolver las muchas dificultades a las que nos enfrentamos hoy en día en el mundo.

CAPÍTULO ONCE

El perfecto profesor de matemáticas

La asignatura de matemáticas es una lógica que refuerza el sentido del razonamiento lógico de los estudiantes. Se cree que quienes son buenos en matemáticas han alcanzado la vida, ya que pueden implementar y beneficiarse de los diversos principios y fundamentos de las matemáticas en su vida diaria. Para asegurarse de que su hijo tiene la capacidad adecuada para calcular los números, es necesario guiarlo. Contrariamente a la idea errónea común, las matemáticas no son un tema aburrido que Einstein sólo puede entender y disfrutar. La verdad es que un poco de orientación puede ayudarte a amar los números.

En los Estados Unidos hay muchos tutores privados cualificados que tienen la habilidad y la formación necesarias para dirigir a su hijo en las matemáticas. No todo esto, estos profesores privados también son capaces de abordar cualquier problema específico que su hijo pueda enfrentar en la comprensión de los conceptos matemáticos. Se sabe que los tutores privados prestan especial atención al problema del estudiante. Además, el enfoque del estudiante le ayuda a facilitar su comprensión de las matemáticas. Los estudiantes que son débiles en matemáticas a menudo sufren de un tipo de fobia que los asusta. Los tutores privados vienen a ayudar aquí. Se sabe que estudiantes de todo Estados Unidos se han beneficiado de estos tutores privados de matemáticas.

La mejor manera de encontrar un buen y hábil tutor de matemáticas es buscar en línea a su hijo. Hay muchos sitios web y portales que listan excelentes nombres y detalles de tutores privados. Estos portales son fáciles de navegar, y puedes encontrar fácilmente el tutor perfecto. Estos tutores privados asumen el 100% de la responsabilidad de su hijo y se aseguran de que lo hagan bien.

Estos tutores privados sólo están disponibles en su área para guiar y enseñar a su hijo en varias materias matemáticas, como geometría, álgebra, aritmética, cálculo, química, biología y mucho más. No sólo eso, sino que también son conocidos por guiar y monitorear el progreso de los estudiantes mientras se preparan para exámenes competitivos como GRE y SAT.

En resumen, los tutores privados son una de las mejores maneras de asegurar que la fobia de su hijo a los estudios se pierda y le guste hacer crujidos a lo largo del día. Elija a estos tutores privados y vea la diferencia en línea.

Doctorado en Matemáticas - Los requisitos previos

El propósito general de un doctorado en matemáticas es preparar a candidatos cualificados para convertirse en productores industriales o del gobierno. Ayuda a los investigadores de la academia a compartir sus conocimientos y experiencia con los estudiantes y otros miembros de la sociedad matemática. El programa de doctorado está diseñado para permitir a los estudiantes obtener una comprensión fundamental de ciertos aspectos fundamentales de las matemáticas y una profunda comprensión de un campo de interés importante. Fomenta la capacidad de formular y reconocer los principales problemas de la investigación, postular soluciones y comunicarlas eficazmente a los demás.

Los candidatos a doctorado en matemáticas deben cumplir los requisitos de la maestría y completar al menos un total de 90 horas de estudios de posgrado, de las cuales hasta 30 horas pueden ser sustituidas por créditos de tesis.

El mantenimiento de un cierto promedio de notas también es esencial para obtener la admisión en ciertos exámenes escritos preliminares y de calificación. Se deben cumplir ciertos requisitos sin necesidad de tales exámenes, que abarcan áreas fundamentales como el análisis complejo, el análisis real, el álgebra, las matemáticas aplicadas y la topología.

Dado que las matemáticas requieren un pensamiento actualizado de manera regular, un futuro estudiante debe asistir a cursos de enseñanza avanzada o dirigida durante un período mínimo en los que se haga hincapié en la exposición a la metodología de la investigación, y se espera que los estudiantes adquieran algún conocimiento de las técnicas de investigación apropiadas. Se debe preparar una propuesta escrita de disertación para cada estudiante, en la que se detallen los contornos de la investigación que se va a realizar y se enumeren los recursos pertinentes y los campos de apoyo matemático que se consideren apropiados para el tema de la investigación. Los exámenes de calificación a menudo prueban el conocimiento y la comprensión del estudiante de las matemáticas fundamentales y los enfoques de investigación. También se tiene en cuenta la solidez general de la propuesta de tesis.

Pistas de modelado matemático

Hay dos características a destacar cuando se recurre a la modelización matemática, que se refiere al objeto. Estas características son informativas, pero también permiten formalizar el objeto matemáticamente. Esta formalización significa que las características del objeto original pueden corresponder a nociones matemáticas adecuadas, como números, funciones, etc. Estas conexiones pueden ser descritas y planteadas como hipótesis por relaciones matemáticas, tales como ecuaciones, desigualdades, fórmulas, etc. El modelo matemático es el resultado de tal proceso.

Este modelo es un sistema de relaciones matemáticas que describe las principales características del original. La solución de un problema real puede, por lo tanto, reducirse a una solución matemática. Los símbolos matemáticos, en particular, los símbolos cuantitativos, son uno de los medios más comunes para describir las características del medio ambiente. Desde el punto de vista de las contradicciones lógicas, una estimación del nivel resultante, el procesamiento de datos, etc., se puede probar una descripción matemática.

Este método fue desarrollado y apareció en la física. Por ejemplo, existe el modelo matemático para el movimiento uniforme en línea recta, donde D es la distancia del vehículo, su velocidad, y t es el tiempo registrado. La ley universal de atracción es entonces un excelente modelo para la interacción entre el Sol y el resto de los planetas. El modelado matemático es una actividad creativa, por lo que describirlo de forma formalizada es bastante complicado.

Algunos consejos para hacerlo mejor en matemáticas

Algunos estudiantes piensan que la materia más fácil en la escuela es la matemática. Lo contrario es más cierto para otros o la mayoría de los estudiantes. A la mayoría de los estudiantes se les apagan las matemáticas porque no son buenos en ellas, o no pueden hacerlas bien.

Algunos pueden decir que en matemáticas, debes tener el don para hacerlo bien. Algunas personas podrían haber oído que oh ese hombre acaba de nacer con el cerebro de las matemáticas. ¡Esto no puede estar lejos de la verdad!

Sí, necesitarás alguna habilidad, alguna base, algún análisis para ser bueno en matemáticas, pero para ser el mejor en esto se trata de perseverancia y determinación, y lo más importante, práctica.

Incluso si eres un estudiante muy inteligente, todavía necesitas tener práctica en matemáticas. La práctica es perfecta. Esto nunca es más cierto porque quiero hacer bien las matemáticas. Incluso Einstein dijo que la genialidad es un 1% de inspiración y un 99% de repentina.

Además de la práctica, hay algunos consejos para recordar.

Un consejo es siempre intentar primero entender el tema. Ahora a muchos estudiantes les gusta saltarse temas que no les van bien, o materias en las que pasan tiempo, pero que aún no pueden entender. Ahora, déjeme decirle que está completamente equivocado. ¿Por qué? ¿Por qué? Porque cada tema está interrelacionado en el programa de matemáticas. Si no puedes entender los primeros capítulos de tu currículum, los capítulos posteriores serán aún más difíciles de entender. Por otro lado, pasar más tiempo entendiendo realmente los capítulos y temas básicos te ahorrará más tiempo a largo plazo, y a mayor escala, y los temas y capítulos más avanzados resultarán más fáciles que difíciles.

Otra cosa importante a tener en cuenta es el tiempo y la frecuencia de su práctica. Después de aprender un nuevo capítulo en la escuela, practica en casa inmediatamente cuando vuelvas de la escuela por la noche. No posponga su trabajo hasta semanas después. La razón es que tu cerebro necesita algo de práctica y escritura para recordar los conceptos. Funciona cuando empiezas a escribir porque el movimiento de tu mano realmente estimula el cerebro y hace que tus jugos cerebrales fluyan!

Ahora que tienes estos pocos consejos míos sobre cómo manejar mejor las matemáticas, ¿estás listo para abordar el tema con una mentalidad diferente? La mayoría de la gente leería esto y lo olvidaría al día siguiente, estoy seguro de que eres diferente y das grandes pasos para mejorar tus notas de matemáticas.

CAPÍTULO DOCE

Computación y matemáticas

ALGORITOS En matemáticas, el método de resolver el problema a través de un método computacional más simple repetidamente. Un ejemplo básico es el método de la división aritmética larga. El término algoritmo se utiliza ahora para resolver varios tipos de problemas, que utilizan una secuencia mecánica de pasos, como cuando se configura un programa de ordenador. La secuencia se puede mostrar como un diagrama de flujo para facilitar su seguimiento.

Los algoritmos para computadoras pueden ser desde simples hasta altamente complejos, como los algoritmos para la aritmética. Sin embargo, en todos los casos, la tarea de realizar el algoritmo debe ser definible. Esto significa que la definición puede incluir términos matemáticos o lógicos o una compilación de datos o instrucciones escritas, pero la tarea en sí misma debe ser una que esté de alguna manera indicada. Esto significa que los algoritmos deben ser programables en el uso normal de la computadora, incluso si las tareas en sí no se resuelven.

Esta lógica es una forma del algoritmo en los dispositivos informáticos con una lógica de microcomputadora integrada. Cuando las computadoras se vuelven cada vez más complejas, más y más algoritmos de programas de software toman la forma de hardware. En otras palabras, se convierten cada vez más en parte del circuito básico de las computadoras o se conectan fácilmente por medio de complementos y se mantienen independientes en equipos especiales como las máquinas de nómina de la oficina. Ya están disponibles varios algoritmos diferentes para aplicaciones, y sistemas avanzados como los algoritmos de inteligencia artificial pueden llegar a ser comunes en el futuro.

Inteligencia artificial (IA), un concepto que significaría la capacidad de un objeto para realizar el mismo tipo de funciones que caracterizan el pensamiento humano, en su sentido más amplio. Desde la antigüedad, la posibilidad de desarrollar tal artefacto ha intrigado a los humanos. La búsqueda de la IA ha tomado dos direcciones importantes con el crecimiento de la ciencia moderna: la investigación psicológica y fisiológica sobre la naturaleza del pensamiento humano, y el desarrollo tecnológico de sistemas informáticos más sofisticados.

El término IA se ha aplicado en este último sentido a los sistemas y programas informáticos capaces de realizar tareas más complejas que la simple programación, aunque todavía están lejos del campo del pensamiento real. El procesamiento de la información, el reconocimiento de patrones, las computadoras de juego y aplicaciones como el diagnóstico médico son las áreas de investigación más importantes en este campo. La investigación actual sobre el procesamiento de la información se ocupa de programas que permiten a las computadoras comprender y producir información escrita o hablada, responder a preguntas específicas o redistribuir la información a los usuarios interesados en determinadas áreas de esa información. La capacidad del proceso de producir oraciones gramaticalmente correctas y de enlazar frases, ideas y conexiones con otras ideas es importante para tales programas. Las investigaciones han demostrado que mientras la lógica de la estructura del lenguaje -su sintaxis- se somete a la programación, es mucho más profunda, hacia la verdadera IA, el problema del significado o la semántica.

En medicina, se han desarrollado programas para analizar los síntomas, el historial médico y los resultados de laboratorio de un paciente y luego sugerir un diagnóstico al médico. El programa informático de diagnóstico es un ejemplo de las denominadas aplicaciones de sistemas expertos diseñadas para funcionar como seres humanos en áreas especializadas. Los sistemas expertos llevan a las computadoras un paso más allá de la programación básica, que se basa en una técnica llamada inferencia reguladora en la que se utilizan reglas preestablecidas para procesar los datos. A pesar de su sofisticación, los programas a menudo no abordan las complejidades del verdadero pensamiento crítico.

Muchos investigadores no están seguros de que se pueda desarrollar una verdadera IA. El funcionamiento de la mente humana todavía se entiende poco, y el diseño de las máquinas puede, en última instancia, ser incapaz de reproducir análogamente esos procesos desconocidos y dinámicos. Se utilizan diferentes rutas para lograr el objetivo de la verdadera IA. Un enfoque consiste en aplicar el concepto de procesamiento informático paralelo y operaciones simultáneas. Otro es el desarrollo de redes de chips informáticos experimentales llamados neuronas de silicona que imitan las funciones de procesamiento de datos de las células cerebrales. Los transistores de estos chips se basan en tecnología analógica para imitar las membranas de las células nerviosas para operar a ritmo neuronal.

PROGRAMA LINEAL Software de análisis matemático y operacional utilizado para optimizar las funciones lineales de una amplia gama de variables, con sujeción a ciertas limitaciones en la administración y la planificación económica. El diseño de computadoras electrónicas de alta velocidad y las técnicas de procesamiento de datos han contribuido a varios progresos recientes en la programación lineal y ahora se utilizan comúnmente en las operaciones industriales y militares.

La programación lineal se utiliza para identificar un conjunto de valores que pueden maximizar o minimizar una forma polinómica determinada, lo que se ilustra mediante los valores finales seleccionados de un conjunto de números prescritos; el fabricante sabe que se puede vender todo lo que se produce.

Volver a los fundamentos de las matemáticas

Como la gente había vivido, los problemas tenían que ser resueltos. Independientemente del nivel de necesidad, la gente siempre depende de las matemáticas para resolver estos problemas. Las matemáticas se usan para resolver esos problemas, ya sea muy básicos como las mediciones de las recetas de alimentos o importantes, como el diseño de una estructura compleja.

Todos los días, la gente usa el álgebra, lo entiendan o no. Contamos, sumamos, quitamos y a veces dividimos objetos usando habilidades matemáticas básicas todos los días. Las amas de casa, por ejemplo, utilizan la aritmética para evaluar los gastos de venta y predecir los descuentos y ahorros. Contar el número de días hasta los fines de semana o vacaciones, el número de pasos que necesitas para ascender, el número de trozos de pizza que compartes, etc., es un método numérico. Algunas respuestas a lo siguiente: cuánto, cuánto, cuándo, qué edad y con qué frecuencia se requerirá algún tipo de habilidad matemática para responder. Las matemáticas son, por lo tanto, una parte importante de nuestras vidas, lo sepamos o no.

La mayoría de la gente odia las matemáticas y siente que es su peor asignatura. La verdad es que ya saben lo básico, pero nunca se les ha enseñado a construir sobre lo básico para aprender más sobre la funcionalidad matemática. Deberías ser capaz de aprender a multiplicar y dividir si sabes cómo sumar y restar. No deberías tener problemas para aprender fracciones si sabes cómo cortar una pizza. Además, si puedes dividir y multiplicar y puedes calcular cuántos trozos de pizza necesitas para alimentar a un cierto número de personas, dos o tres trozos cada uno, el álgebra no debería ser un gran problema. Casi cualquier persona en matemáticas puede llegar a ser buena si lo aborda correctamente. Creo que la principal barrera para las matemáticas es una falsa percepción de que las matemáticas son difíciles y no son aplicables en la vida real. En muchos casos, esta idea errónea se debe a un mal maestro o a un método ineficaz de enseñanza o a ambos.

Mi percepción de las matemáticas es que cada proceso de relación acumulativa se basa en el anterior y tiene alguna relación con él. Independientemente de lo liberal o complejo que sea un método, debe utilizar todos o ciertos procedimientos básicos (sumar, restar, propagar y/o dividir) para resolver el problema. Tienes que aprender los fundamentos y construir sobre una base sólida.

Las dos clases de matemáticas se dividen en dos clases principales: matemáticas teóricas o puras y matemáticas aplicadas.

Según Wikipedia, las matemáticas teóricas están guiadas en gran medida por factores distintos a la práctica. Se caracteriza por su rigor, abstracción y belleza. Es la ciencia de desarrollar nuevos principios y de conocer las conexiones no identificadas previamente entre los principios matemáticos existentes.

Las matemáticas aplicadas son la rama de las matemáticas que se ocupa de aplicar los conocimientos matemáticos a otros campos. Marcos como la programación lineal, operaciones de análisis, estimaciones, probabilidades, etc. Los ordenadores se utilizan a menudo para analizar las relaciones entre las diferentes variables con el fin de resolver problemas complejos en la vida real.

Se sabe que las matemáticas permiten mejorar considerablemente el razonamiento y el análisis. Las personas que pueden entender y pensar analíticamente son más capaces de identificar patrones, estructura y regularidad en situaciones del mundo real.

Las principales ocupaciones en el campo de las matemáticas incluyen la contabilidad, la arquitectura, la ingeniería química, la biología, la ingeniería civil, la robótica, la ingeniería analítica, etc. Lo más notable es que la ausencia de matemáticas reduce la mayoría de las posibilidades técnicas en la vida.

Uno más uno es igual a la vida, al universo y a todo.

El Universo es sólo matemáticas, según el profesor Max Tegmark (Departamento de Física, MIT), un físico/cosmólogo. Esto se llama la Hipótesis del Universo Matemático (MUH) o el "Conjunto Máximo", una de esas propuestas para una Teoría del Todo, la ecuación teórica del físico último que describe la vida, el Universo y todo. Será tan concisamente impreso en la parte delantera de una camiseta. La hipótesis del Universo matemático de Tegmark es que nuestra realidad física exterior es una estructura matemática. Todas las estructuras matemáticas existentes también existen físicamente. Es decir, el Universo es una matemática bien definida. Las matemáticas tienen una realidad exterior, y como todo se construyó desde cero (es decir, las matemáticas), en última instancia todas son matemáticas, por lo que la última ecuación conceptual de la camiseta TEE puede expresarlo.

El lenguaje universal es la matemática. Conoces el teorema de Pitágoras y la ecuación cuadrática; la topología y el cálculo; sabes si eres un francés o un chino; o un chino; un inglés, o quizás incluso un ufonauta como estos alienígenas LGM; un klingon o un romulano.

La física es la ciencia más fundamental. Esta es la base para el formato de la química. Las ciencias de la tierra y el espacio están, a su vez, apoyadas por estos dos bloques de construcción y explicadas por ellos. Todo esto forma la base de las ciencias biológicas, que apoyan la antropología, la psicología y otras ciencias sociales y del comportamiento. Incluso las artes y la economía tienen la base matemática definitiva.

¿Pero qué es lo que la física apoya? Matemáticas, eso es. Ahí es donde todo comienza, en última instancia. Las matemáticas son el Universo (incluyendo la vida y todo). Usted existe dentro de la geometría. Recibes información sobre la vida, el Universo y todas las matemáticas; las matemáticas son necesarias para que la información sea revelada. No se puede llegar a entender el espacio, la energía, la materia, el tiempo y las cuatro (o más) fuerzas básicas que gobiernan un universo, para que usted y su entorno puedan finalmente utilizar las matemáticas.

Tu día está constantemente lleno de relaciones matemáticas, cuántas y cuán rápido. Dónde" es matemática, "cuándo" es matemática, "qué" es frecuentemente matemática pura. Puede que no seas físico, pero probablemente tengas control económico sobre tu gallinero. Hay juegos de azar, incluyendo la teoría de la probabilidad (aunque sólo sea en el mercado de valores o al saltarse un semáforo en rojo). Sumas y restas, multiplicas y divides números todos los días. ¡Incluso estás haciendo fracciones! El ordenador puede recortar los números pero pulsar los botones.

Los sonidos y la música juegan un papel importante en nuestras vidas, en general. En matemáticas, la acústica, los armónicos, las ondas sonoras, y similares son todos expresables - Navegación Ditto y GPS y relacionados.

Piensa en las matemáticas que hay detrás de tu casa (o el alter ego aplicable, la ingeniería) tu entretenimiento, tus comodidades, y lo que puedes hacer para hacer tu día una realidad. Lo que mantiene todas tus partes y piezas juntas y te mantiene en el suelo, pero no puede... ¿Te expresas en una ecuación? ¿Qué ha sido alimentado por el sol de la física matemática, que te da el pan de cada día en última instancia? ¿Qué física matemática mantiene a tu planeta natal no muy lejos o muy cerca del sol con una atmósfera en tu cabeza? Estás gobernado por el tiempo y el espacio; la materia y la energía tienen una realidad en términos de estructuras matemáticas. ¿Y dónde estarían los equipos deportivos*, la NASA y el ejército detrás de la física básica que guía y gobierna sus actividades sin las matemáticas básicas?

Aparte de lo que Max Tegmark promovió, hay otro tipo de Universo matemático, aunque tal vez sean en realidad los mismos. Esa es mi suposición. Hay una forma diferente de verlo. El Universo Simulado es otro universo matemático posible, incluso probable. ¿Pueden estos dos universos ser iguales?

Primero, ¿por qué nuestro probable universo es un universo simulado? Por la misma razón que mientras se sospecha de un solo Universo verdadero, el único Universo real en el que vives, sabrías que en este Universo verdaderamente real el planeta Tierra tiene una población humana inteligente, la tecnología informática ha evolucionado y miles y miles de simulaciones virtualmente reales tanto para fines de instrucción (digamos Astro). Por lo tanto, la proporción de paisajes casi reales a paisajes reales es de varios miles a uno.

Además, en la mayoría de los casos, hay miles y miles de copias de tales simulaciones, una especie de Multiverso, donde los personajes dicen que en un videojuego hay miles de' clones' porque hay miles de copias de este juego disponibles. Por supuesto, este personaje no pudo encontrar ninguna de sus copias idénticas, lo que probablemente es bueno. Sin embargo, si se le pudiera preguntar a este personaje, si se sintiera real o simulado, respondería real, por supuesto sin saber o sospechar que un ser humano es el creador y el creador del paisaje simulado.

Sube a un nivel del planeta Tierra y de los muchos desarrollos y extrapolaciones de simulación de la humanidad, y hay una fuerte extrañeza de que alguien, un programador supremo, haya creado una simulación que es nuestro mundo. Numerosas imágenes de esta simulación de juego son creadas por este desconocido y probablemente desconocido Programador Supremo llamado "Vida y Tiempos del Planeta Tierra", por lo que hay realmente numerosas copias de usted, pero por suerte sólo una copia por juego! Tu realidad cotidiana es sólo una realidad virtual porque, en la forma en que piensas, no existes.

Otra forma de pensar en las múltiples copias del videojuego "La vida y los tiempos del planeta Tierra" es que este es el concepto de universo paralelo. Otra copia de "La vida y los tiempos del planeta Tierra" contiene un tipo de vida y estilo de vida diferente para usted, que existe en su copia o versión de "La vida y los tiempos del planeta Tierra".

Ahora la parte interesante, IMHO, es ¿qué pasaría si el Universo de nuestro Universo Matemático o el de Max Tegmark, que también era nuestro Universo, fuera sólo un universo simulado? Bueno, ¿qué es el software para el ordenador? El software de la computadora es bytes y bits, ceros y unos, matemáticas o código binario, en otras palabras. Al programar o construir el software apropiado de la computadora, podrías construir la vida, el Universo, y todo eso. usando las matemáticas. Finalmente, el "Universo" o videojuego apaisado es matemático. El simulador de entrenamiento de un astronauta es sólo una estructura matemática. Si eres un software de ordenador que se genera y simula, eres un edificio matemático en la realidad virtual.

¿Cuál es el atractivo del Universo Simulado? Explica muchas cosas que actualmente son inexplicables.

¿Por qué todos los electrones (o positrones o quarks arriba y abajo, etc.) son iguales? Por eso todos los electrones tienen exactamente el mismo código binario. Olvídate de las cuerdas vibratorias. La teoría de la cuerda ni siquiera está en la caza. Cualquier fenómeno se explica tan fácilmente como un "programa en ejecución", ya que no existe una definición de simulación imposible o de videojuego. ¡Josué puede hacer que el Sol y la Luna en los cielos se detengan! ¡Incluso puedes tener una realidad virtual de la vida después de la muerte! De hecho, el físico debería estar satisfecho con el escenario del Universo Simulado ya que hay dos conjuntos separados de software matemático incompatible que ejecutan el software de física cuántica y de gravedad del Universo Simulado. Planteo esto porque los físicos intentaron durante décadas casar estas dos ramas de la física con una teoría completa, y aún no han funcionado.

Reglamentos: Solución matemática

A menudo se preguntaba dónde se podía trazar la línea entre las reglamentaciones legítimas y las erróneas. Creo que esto puede ser calculado matemáticamente.

Por un lado, el costo de los eventos que la regulación existe debería ser para evitar que esos eventos se multipliquen. Por otra parte, el costo del contribuyente para hacer cumplir el reglamento más el costo para las empresas de cumplir con el reglamento debería ser la ecuación. Entonces se puede determinar matemáticamente qué regulaciones son más buenas que las dañinas y qué regulaciones son más dañinas que las buenas.

Por lo tanto, si uno está en riesgo de perder dinero, esa cantidad de dinero debe ser calculada y multiplicada por la posibilidad de que uno pierda ese dinero. A continuación, debe compararse con la cantidad de lo que se requiere para aplicar la ley por parte del Estado y lo que cuesta a las empresas cumplirla. Si el riesgo es que alguien se enferme, los costos del seguro deben ser medidos y agravados por la probabilidad de que alguien contraiga la enfermedad y se suma a la cantidad de lo que el gobierno toma para aplicar la ley y lo que las empresas necesitan para cumplir con la reglamentación. En ambos casos, los costos pueden medirse razonablemente. Entonces se puede determinar matemáticamente qué leyes valen la pena y cuáles no.

También hay otras cosas además de estos cálculos objetivos que no son fáciles de cuantificar. Si alguien corre el riesgo de morir, el suceso no es cuantificable monetariamente. Se pueden hacer dos cosas al respecto. Uno es asignar un enorme interés financiero a tal amenaza, como es el producto de una pena de muerte ilegal (de 5 a 10 millones de dólares). También es necesario hacer eterno este concepto para asegurar que lo que conlleva el riesgo de muerte sea evitado a toda costa. En cualquier caso, hacer cosas que provoquen muertes y los reglamentos para prevenirlas deberían ser prohibitivos y deberían aplicarse en todas las industrias, desde la medicina hasta el carbón.

Aunque algunos prefieren regular en exceso en lugar de hacerlo en defecto, y otros consideran que cualquier regulación es mala. En la mayoría de los casos, proporciona una solución objetiva. El riesgo de que alguien pierda dinero o el riesgo de enfermarse puede ser cuantificado matemáticamente. La vida humana no puede ser cuantificada matemáticamente, y las regulaciones para prevenir la muerte deben tener prioridad.

No ocurre lo mismo con muchas de las regulaciones más ajustadas. Se gana muy poco exigiendo a una empresa que cumpla con páginas y páginas de reglamentos que en su mayoría están diseñados para evitar eventos que casi nunca ocurren. Se debe diseñar un reglamento para prevenir los eventos que no se produzcan. Esto puede ser calculado matemáticamente una vez más examinando la posibilidad del evento. Si es extremadamente bajo, el término de la izquierda (el valor de los eventos multiplicado por la probabilidad del evento) está disminuyendo, y el cálculo muestra que la legislación hace más daño que bien.

En cualquier caso, esta es al menos una cuestión que puede ser investigada críticamente. En la mayoría de los casos, es posible determinar matemáticamente qué reglamentos deben conservarse y cuáles deben desecharse. Recomiendo encarecidamente que los gobiernos calculen sus regulaciones. Muchos problemas tienen soluciones prácticas, y ésta es una de ellas.

CAPÍTULO TRECE

Las matemáticas de las finanzas

Muy bien, niños. Muy bien, chicos. Así que odias las matemáticas y no te importa si te va bien o no en esta materia. Pero sepa una cosa. Sepa una cosa. Las matemáticas son el lenguaje del dinero. Eso está mal. Eso es correcto. Ya sea que se trate de intereses de CD o bonos, rendimiento de dividendos de acciones o rendimientos de inversiones, las matemáticas son la lingua franca o el lenguaje universal. Así que recuerda, si no estudias bien las matemáticas, podrías darle a otro niño hambriento la oportunidad de tener más zapatillas de deporte jordanas que tú. En pocas palabras, si quieres las delicias de la vida, ahora puedes aprender mejor que las matemáticas pueden llevarte a las frutas y las nueces.

De hecho, el tema de las matemáticas es cómo el dinero se acumula y crece con el tiempo. De lo que estamos hablando aquí es de interés, específicamente de interés compuesto. Si va a su banco local para depositar una suma de dinero, el Banco le pagará por su generosidad al permitir que el Banco utilice ese dinero. Lo que el Banco le debe se llama interés y cómo se mide la ecuación del interés compuesto. Este es el portal o entrada a cálculos financieros más detallados: rentas vitalicias, beneficios de por vida, hipotecas y otros instrumentos financieros dependen de la formulación. La fórmula de interés compuesto es un componente necesario del conocimiento de cada persona debido a su importancia.

Tomemos un ejemplo básico para examinar esta fórmula. Suponga que deposita 1.000 dólares en su banco local. El Banco paga a sus inversiones un buen 6 por ciento de interés. Si este dinero se capitalizara anualmente, se calcularía la cantidad acumulada mediante la fórmula $A = P*(1+i)$, en cuyo caso A= la cantidad acumulada, I= el tipo de interés o.06 y P= el capital o 1.000 dólares. Obtenemos A= $1.060 cuando sumamos estos valores en la ecuación. Por lo tanto, al final del año, usted gana 60 dólares, y su nuevo saldo será de 1000 dólares + 60 dólares o 1060 dólares.

Ganaremos intereses no en 1.000 dólares sino en 1.060 dólares si mantenemos ese dinero en el Banco durante otro año. Al final del segundo año, la cantidad acumulada es A= $1.060*(1 + 0.06) o $1.123.60. Para encontrar el interés ganado durante el segundo año, sólo hay que restar la cantidad del principio, o sea 1.060 dólares. Por lo tanto, el interés ganado en el segundo año es de 63,60 dólares. Tenga en cuenta que esto es 3,60 dólares más que el interés del primer año recibido. El término "interés compuesto" proviene de esto. Esencialmente, estamos cada vez más interesados en recibir más atención cada año.

Al final del segundo año, podríamos haber obtenido el balance simplemente usando la fórmula

$A = P*(1.06)^2$. Cuando ponemos 1.000 dólares por P y calculamos, llegamos a 1.123,60 dólares. Estamos usando $A = P*(1.06)^3$ si queremos saber el balance al final del tercer año. Utilizamos $A = P*(1.06)^n$ para el balance al final de n años, y por lo tanto llegamos a la fórmula de interés compuesto general.

En la primera parte de este capítulo sobre las matemáticas financieras, discutimos la Fórmula de Interés Compuesto y cómo se puede determinar el valor acumulado del dinero invertido a lo largo del tiempo. En esta siguiente parte, estamos viendo los diversos métodos de composición y el impacto que esto tiene en el crecimiento de su dinero. Lo interesante es que, no importa cuán a menudo nos compongamos, verás que en algún momento, llegamos a un límite superior. En otras palabras, a veces compuestos bits de ayuda, pero usted debe hacer más para lograr un retorno en algún momento que simplemente dejar su dinero con "Frequent Compounding Bank USA". Sigue leyendo. Sigue leyendo.

Puede que haya visto una pancarta o un cartel anunciando incentivos competitivos de ahorro e intereses en su último viaje al Banco local. Podrías haber visto una tasa de 5,5 por ciento con un rendimiento neto efectivo de 5,61 por ciento en tu mercado de dinero. Esta tasa neta eficiente se denomina a veces tasa porcentual anual (TAE). ¿Por qué el mismo plan de ahorro tendría dos tipos de interés diferentes? En pocas palabras: la composición es lo que importa.

Verá que el Banco puede componer su dinero cada trimestre, cada mes, o incluso cada día. ¿Qué significa eso? ¿Qué significa eso? Compuesto trimestralmente significa que un banco le da intereses sobre la base de la tasa de interés especificada cada tres meses. Del mismo modo, trabajo mensual y diario, excepto que es más frecuente en el recinto. Tome un ejemplo específico para explicar todo esto.

Supongamos que haces un depósito de 1000 dólares en el Frequent Compounding Bank USA. El Banco anuncia con fuerza una generosa tasa de interés del 5,5 por ciento. si el Banco compone anualmente este dinero, usted recibe 55 dólares en intereses al final del año. No obstante, la mayoría de los bancos no lo hacen y se multiplican con mayor frecuencia, por ejemplo, trimestralmente o incluso mensualmente. Si el Banco aumenta trimestralmente, es del

5,5% y se divide en cuatro por una tasa nominal de 0,01375 o 1,375%. El Banco sigue entonces la ecuación para el interés compuesto y utiliza cuatro como número de ciclos para el compuesto. el valor acumulado sería al final del primer año. A= $1,000*(1,01375)^4 o $1,056.14.

Así que al final del año, no recibirá 55 dólares, sino 56,14 dólares o 1,14 dólares más en intereses. Como resultado, tendrá un adicional de 1,14 dólares en intereses al sumar cuatro veces en lugar de una. Por favor, tenga en cuenta que esto es lo mismo que si el Banco sólo hubiera utilizado un compuesto único y un tipo de interés del 5,61% en lugar del 5,5%, por lo tanto un tipo de interés efectivo neto del 5,61% para la capitalización cada trimestre.

Cuando el banco hace un promedio anual, el valor marginal de 0,004583 o 0,4583 por ciento se toma al 5,5 por ciento y se divide por 12. El Banco introduce la cantidad acumulada en la fórmula al final del año A= $1,000*(1,004583)^12 o $1,056.41, respectivamente. Por lo tanto, usted tiene un adicional de 1,41 dólares de interés a un tipo de interés efectivo neto del 5,64% por mes, en lugar de anualmente. Obsérvese que la cantidad de interés ha aumentado al pasar de trimestral a mensual. ¿Así que nos haremos cada vez más ricos si nos multiplicamos cada vez más rápido?

Sí, sí, no. Aunque nuestro banquero local quiere ser nuestro amigo, la ecuación del interés compuesto es muy ajustada. Puedes ver que a medida que nos componemos más y más a menudo, finalmente llegamos a un límite superior. El límite se calcula mediante una ecuación que utiliza el número trascendental. Puedes ver cómo el límite comienza en el ejemplo de la composición diaria. Supongamos que consideramos el valor generado por la composición regular. Tomamos el 5,5% y dividimos 0,0001507 o 0,01507% por 365. Así que A= $1,000*(1,0001507)^365 o $1,056.54, sólo $0.13 más que el ejemplo mensual.

Qué lástima. Qué lástima. Todo lo que tenemos que hacer es negociar con nuestro banquero del "Frequent Compounder bank USA" y ver crecer nuestro dinero si pudiéramos conseguir más y más dinero mediante una capitalización más frecuente. Lamentablemente, las matemáticas en sí tienen sus límites. No hay ningún juego de palabras.

Lista de lecturas sobre finanzas cuantitativas - Fundamentos teóricos

No todo el mundo quiere convertirse en un físico de la teoría. Muchos encuentran que el ambiente académico es demasiado abierto, y otros no están interesados en la política o en la necesidad de apoyo en una etapa temprana de sus carreras. Una alternativa tentadora es un trabajo de financiación cuantitativa.

La ingeniería financiera tiene poderosos componentes teóricos y aplicados, es intelectualmente inmensamente estimulante y rápida. Incluso una entrevista requiere un grado significativo de conocimientos previos y un historial académico sobresaliente. Cuando finalmente decidiste que la academia no es donde está tu futuro, y tienes fuertes habilidades técnicas, la siguiente lista de lecturas te hará un cuántico.

Este es el primer paso para convertirse en un analista cuantitativo de una serie de libros de texto de varias partes. El resto debe concentrarse en la ejecución, más matemáticas, habilidades de entrevista y métodos numéricos. Este documento se centra en el concepto de ingeniería financiera para cualquiera que no haya estado expuesto anteriormente a las finanzas.

El texto clásico Opciones, Futuros y otros derivados de John Hull es un gran lugar para comenzar a aprender sobre el mundo de los derivados. Las matemáticas son ligeras, pero cubren mucho. En particular, es una buena introducción a los mercados de derivados para aquellos que no han estado expuestos anteriormente a la financiación.

Una vez que esté familiarizado con los principios utilizados en los mercados financieros, el siguiente paso es empezar a pensar más matemáticamente sobre el arbitraje y el método Black-Scholes. A Primer in Financial Engineering Mathematics de Dan Stefanica proporcionará todo el cálculo necesario para tratar la ecuación de Black-Scholes (diferenciación, integración, expansión de Taylor, etc.). También cubre a los griegos y los precios fundamentales de riesgo neutral. Este es un gran libro para alguien que no tiene la formación matemática necesaria para textos posteriores.

Podrás, en este punto, discutir los clásicos medios como "Conceptos y prácticas matemáticas" de Mark Joshi (un excelente libro muy recomendable), "Cálculo financiero" de Baxter y Rennie y "Introducción a las matemáticas de las derivaciones financieras" de Salih Neftci (¡explicaciones muy completas y humorísticas!). Cualquier entrevista en la recepción tiene un buen conocimiento del contenido de estos libros.

Si quieres explorar más profundamente la teoría matemática que subyace en la fijación de precios de las derivadas, las ecuaciones diferenciales estocásticas de Bernt Oksendal son un gran comienzo porque tienen muchos ejercicios de SDE.

La obra maestra en dos volúmenes de Steven Shreve, el Cálculo estocástico para las finanzas (Vol I y Vol II), es un texto bastante pesado para funcionar como una oficina, pero un libro importante para el estudio de la ingeniería financiera. El Vol I se centra en los modelos de precios discretos y el Vol II en los modelos continuos. Tenga en cuenta que el Vol II necesita una sólida formación en matemáticas de grado, especialmente en análisis real, teoría de la probabilidad y teoría de la medición.

Las finanzas corporativas y la calidad del dinero

La economía como disciplina general es considerada a veces como una ciencia física dura y a veces como una ciencia humana y social subjetiva.

El debate actual se centra en si la economía sigue ciertas leyes matemáticas que pueden observarse o si se basa más en generalidades y pautas que son explorables pero nunca seguras.

Como una rama de la economía, las finanzas corporativas parecen ser retratadas como una dura ciencia matemática.

Así pues, la contabilidad es un registro estadístico de lo que ya ha ocurrido con respecto a la actividad y la propiedad de una empresa; la financiación de la empresa es la manera en que se equilibra la financiación comercial necesaria y la propiedad se distribuye por medio de los gastos.

Las acciones y los préstamos deben financiarse mediante diversas combinaciones de instrumentos de capital, deuda y financiación del comercio. La propiedad de las empresas puede cambiar a lo largo del tiempo mediante la asignación de capital e inversiones únicamente para la adquisición de propiedad o específicamente para la financiación de determinadas actividades.

Sin embargo, se requiere una nueva reflexión sobre qué interés superará el precio inmediato en efectivo. Se aplica, en particular, a la inversión en empresas de crecimiento, especialmente las anteriores. La nueva teoría de investigación del precio del dinero muestra que el gasto por sí solo es significativamente mayor que el valor monetario real.

El concepto de calidad del dinero incluye la capacidad de evaluación, la creación conjunta de relaciones de trabajo y un plan realista, el apoyo continuo a la gestión, el apalancamiento continuo del sector y de las redes adicionales, y la capacidad de crear un plan de financiación de seguimiento apropiado.

Algunos de los problemas existentes son la asociación históricamente opuesta a los inversores. La avalancha de concursos de inversión para las empresas de televisión y la amplia gama de imitadores regionales y locales han intensificado esto.

Los buenos acuerdos de inversión no se basan en reuniones cortas y agresivas en las que un contratista tiende a basarse en la hipérbole, y un posible inversor a menudo se convierte en un acosador abierto.

Otra razón clave por la que los debates sobre inversiones pueden ser a menudo mucho más productivos es la de un plan realista. Los empresarios suelen sentir la necesidad de hablar de su potencial, a menudo a niveles bastante inviables, y los inversionistas suelen subestimar su potencial percibido para satisfacer las expectativas de valoración de los propietarios.

Ninguna de estas estrategias impulsaría el objetivo final en el que los accionistas y las partes interesadas están en realidad totalmente alineados: crear nuevo valor en una empresa.

Muy pocos inversionistas institucionales han desarrollado metodologías de evaluación ricas. Un ex banquero tiene con demasiada frecuencia un conocimiento general moderadamente bueno de los mercados generales. Los donantes muy activos no sólo han acumulado un conocimiento personal excepcional, sino también vastas redes de expertos. A menudo se trata de una mezcla de profesionales que pueden comentar los potenciales de la P.I. y dos grupos de empresarios: los expertos de la industria que pueden comentar la propuesta concreta y los empresarios que evalúan y respaldan el liderazgo, la publicidad y la motivación.

Esto nos lleva al último punto de este análisis del valor del capital: la capacidad de planificar la financiación productiva. Si un accionista no tiene bolsillos especialmente profundos, esto es especialmente importante.

Si una empresa logra fomentar el crecimiento con su primera inyección seria de capital, lo último que hay que enfrentar cuando este tramo de negocios comienza a caer es la distracción de tratar de establecer todo un nuevo conjunto de relaciones y de reiniciar la enorme tarea de promocionarse y asegurar la inversión.

Aunque es muy tentador para las empresas jóvenes gastar lo que encuentran, es aún más inteligente tratar de asegurar la mejor calidad de capital. También es imperativo que los inversionistas consideren si corren el riesgo de vender a la baja su inversión mediante medidas excesivamente agresivas, la falta de compromiso y apoyo a las redes, y la indiferencia ante posibles escenarios futuros.

CAPÍTULO CATORCE

Las matemáticas en el análisis de los estados financieros

Aunque no es obligatorio ser contador profesional para establecer un plan de Perfeccionamiento de las Ventas, es importante para todos comprender lo que significa el análisis financiero en las ventas y la comercialización. Es demasiado atractivo y demasiado fácil usar "cielos azules" en las ventas y la planificación comercial. Incluso es fácil gastar dinero sin darse cuenta del beneficio. Los ejecutivos de ventas y mercadeo deben ser más proactivos y minuciosos en la preparación, ejecución y revisión de las estrategias de ventas y mercadeo. El conocimiento básico de las consecuencias financieras de la toma de decisiones y de la forma en que las medidas financieras podrían utilizarse para vigilar y supervisar las operaciones de comercialización es una forma de introducir más disciplina en este proceso. El presente texto tiene por objeto proporcionar precisamente este conocimiento, y el primer capítulo trata básicamente de una introducción a las actividades de análisis financiero.

El estado de ingresos El informe de pérdidas y ganancias, más conocido como el estado de ingresos, se muestra a continuación. Se trata de una versión abreviada, ya que en la mayoría de las declaraciones de ingresos se dan muchos detalles; por ejemplo, los gastos se suelen notificar sobre la base de los mismos.

G/L Leader Account: La declaración de ventas evalúa los resultados financieros de una empresa en un determinado período contable. El rendimiento financiero se evalúa resumiendo los ingresos y gastos de la empresa mediante actividades tanto operativas como no operativas. También mostraba la ganancia o pérdida neta de un período contable determinado, generalmente de un trimestre o un año fiscal. El informe de ingresos también se conoce como "estado de ganancias y pérdidas" y "estado de ingresos y gastos". Ingresos: se clasifican como ventas totales (ingresos) durante el período contable. Recuerde que estos beneficios son netos de ingresos, subvenciones y descuentos.

Descuentos... son los descuentos de los clientes para el pago de sus cuentas en un vínculo a su servicio.

Costo de los bienes vendidos (COGS) - Todos los costos directos asociados con el producto o servicio proporcionado se registran y venden durante el período contable.

Gastos de funcionamiento-Todos los demás gastos no incluidos en el COGS pero atribuibles a las actividades de la Compañía durante el período de contabilización especificado. Este presupuesto se conoce más comúnmente como "SG&A" e incluye costos como ingresos por ventas, impuestos sobre la nómina, compensación administrativa, asistencia y beneficios. Los gastos de manipulación de materiales suelen ser el transporte, los gastos de oficina administrativa, el mantenimiento, (alquiler, programas informáticos, honorarios de contabilidad, honorarios de abogados). La separación de los gastos de comercialización y de venta variable (viajes y entretenimiento) también es una práctica común.

EBITDA-Ingresos antes de la depreciación, amortización e impuestos Esto se reporta como ingreso operativo.

Otros ingresos y gastos: todos los no gastos, como los intereses del dinero o los intereses de los préstamos.

Impuestos sobre la renta: Este fondo es un mecanismo para pagar los impuestos sobre la renta.

Componentes de ingresos netos: Ingresos de operación continua: que incluyen los beneficios netos de las ventas, deducciones y descuentos, menos los costos y gastos asociados a esos ingresos. Los gastos que normalmente se deducen de las ventas son COGS y SG&A.

Ingresos recurrentes relacionados con los intereses y los impuestos de las operaciones continuas- Esta parte cubre, además de los ingresos de las operaciones continuas, todos los demás beneficios, como los ingresos de las inversiones de las filiales no consolidadas y/o otras ganancias y pérdidas de las inversiones y la venta de activos. Estos artículos deben ser de naturaleza recurrente para ser incluidos en esta categoría. Este elemento es ampliamente considerado como el mejor predictor de los beneficios futuros. Sin embargo, los costos no monetarios, como la depreciación y la amortización, no se considerarán como medidas contundentes de los futuros gastos de capital. Como este elemento no tiene en cuenta la estructura de capital de la empresa (uso de la deuda), también se utiliza para entender empresas similares.

Ingresos recurrentes (antes de impuestos) de las operaciones continuas: la estructura financiera de la Compañía se tiene en cuenta mediante la deducción de los costos de los intereses.

Los ingresos antes de impuestos de las transacciones continuas: artículos que son de naturaleza inusual o inusitada pero que no pueden incluirse en esta categoría. Entre los ejemplos se incluyen los costes de despido de los empleados, la interrupción de la actividad de la planta, la depreciación, las amortizaciones, los gastos de implementación, etc. Ingresos netos de las transacciones continuas-Este elemento reconoce el efecto de los impuestos sobre las transacciones continuas.

Los elementos no recurrentes: los pagos interrumpidos, los elementos extraordinarios y los ajustes contables se registran en la cuenta de resultados como elementos separados. Todos ellos se declaran netos de impuestos y no se incluyen en los ingresos de las operaciones en curso, por debajo de la línea de impuestos. En algunos casos, los beneficios y los balances más antiguos deben ajustarse para reflejar los ajustes.

Ingresos (o gastos) de las operaciones interrumpidas-Este componente se refiere a los ingresos (o gastos) generados por el cierre de una o más divisiones u operaciones (instalaciones). Tales incidentes deben separarse de modo que no se exagere o disminuya el potencial de ganancias previsto de la Compañía. Esta forma de evento no recurrente también es no recurrente y no debe incluirse en los gastos de impuestos sobre las ventas utilizados para medir los ingresos netos de las operaciones continuas como consecuencia de las consecuencias fiscales. Por eso estos ingresos siempre se registran netos de impuestos (o gastos). Lo mismo se aplica a los productos extraordinarios y al efecto acumulativo de los ajustes de la contabilidad (véase más adelante).

Artículos extraordinarios - Este componente se refiere a artículos inusuales e inusitados. Esto significa que es una ganancia o pérdida única que no se producirá en el futuro. Un ejemplo es la rehabilitación del medio ambiente.

Balance de situación El balance de situación proporciona información, en una fecha determinada, sobre lo que la sociedad posee, lo que debe y el valor de la empresa para sus accionistas. Se denomina balance porque equilibra las dos manos. Tiene sentido: una corporación debe pagar por todos los artículos que tiene (activos) prestando o recibiendo dinero de los inversores.

Los bienes son activos financieros que se espera que aporten a su titular beneficios económicos.

Los pasivos son obligaciones externas de la Compañía. Las responsabilidades reflejan los derechos de otros sobre el dinero o los productos de la Compañía. Los tipos incluyen préstamos bancarios, deudas de distribuidores y deudas de trabajadores.

El capital de los inversores es el interés de una empresa para sus propietarios una vez que se han cumplido todos sus compromisos. Estos intereses netos son retenidos por los propietarios. El capital social suele representar el capital invertido por los inversores y los beneficios generados, que se reinvierten en la empresa posteriormente.

Activos totales= Pasivos totales + Accionistas de capital, Cada una de las tres secciones del balance, tendrá muchas cuentas que documentan el valor de cada segmento. Las cuentas como el efectivo, los inventarios y los bienes se encuentran en el lado del activo, mientras que las cuentas como las cuentas por pagar o las deudas a largo plazo se encuentran en el lado del pasivo. Los estados exactos del balance pueden variar según el negocio y la industria porque no hay una fórmula fija que adapte con precisión las diferencias entre los distintos tipos de negocios.

Activos corrientes - Capital que puede ser convertido en moneda, vendido o consumido en un año. Dinero que es lo que la organización tiene en efectivo en el banco. El dinero. El efectivo se presenta en la moneda respectiva en que se prepara el financiero a su valor de mercado en la fecha de presentación del informe. Se intercambian varias denominaciones de dinero al tipo de conversión del mercado.

Valores negociables (inversiones a corto plazo) - Pueden ser tanto valores de renta variable como de deuda listos para el mercado. De hecho, la dirección espera que estos fondos se vendan en el plazo de un año. Esas inversiones a corto plazo tienen su valor de mercado publicado.

Cuentas por cobrar: es el dinero que se debe a la Compañía por los bienes y servicios que ha proporcionado a crédito a sus clientes. Ese negocio tiene consumidores que no pagan por los productos o servicios proporcionados por la Compañía. La administración tiene que estimar que es poco probable que los clientes paguen y crear una dudosa asignación de cuenta. Las variaciones en esta cuenta tendrán un efecto en la cuenta de resultados de las ventas registradas. Las cuentas por cobrar del balance son netas de su valor de realización (reducido de la provisión de la cuenta dudosa).

Notas por cobrar-Esta cuenta es de naturaleza similar a las cuentas por cobrar, pero está respaldada por acuerdos más formales como las "notas promisorias" (por lo general un préstamo con intereses a corto plazo). Documentos por cobrar Además, la vida útil de los documentos por cobrar suele ser superior pero inferior a un año. Las notas de crédito se enumeran por su valor neto realizable (la suma recaudada).

Inventario: representa las materias primas y los productos disponibles para la venta o listos para la venta. Esos productos pueden medirse con diversos sistemas de medición, como el FIFO (primero en entrar, primero en salir), el LIFO (último en entrar, primero en salir), o la forma de costo medio, por gasto o valor actual de mercado. Para evitar ingresos y bienes excesivos, las acciones se cotizan a un costo o precio de mercado más bajo.

Cargos prepagados: son cargos por productos que se supone que el cliente debe proporcionar en un futuro próximo. Los típicos cargos prepagados cubren el alquiler, el seguro y los impuestos. Se mide el precio inicial (o histórico) de estos costos.

Activos de capital a largo plazo no convertibles en efectivo, vendidos o consumidos en un año o menos. Por lo general, el epígrafe "Capital a largo plazo" no aparece en el balance consolidado de una sociedad anónima. No obstante, los productos no incluidos en los activos existentes se consideran bienes a largo plazo. Se trata de fondos-inversiones que no se espera que sean vendidos por la administración durante el año. Esas inversiones pueden incluir deuda, bonos a largo plazo, acciones ordinarias, inversiones no especulativas, activos fijos intangibles o inversiones en fondos especiales (por ejemplo, sumideros, fondos de pensiones y fondos de expansión de programas). Esas inversiones a largo plazo figuran en el balance a su precio medio o a su valor de mercado.

Capital fijo-Atributos físicos *sostenibles* utilizados en actividades con una vida útil superior a un año.

Equipo y maquinaria: esta categoría representa la maquinaria completa, el equipo y el mobiliario utilizados para las operaciones de la Compañía. Estos activos se notifican con menos depreciación acumulada a su costo histórico.

Estructuras o plantas - Son estructuras utilizadas por la organización para sus operaciones. Esos bienes se deprecian, y se registra la depreciación acumulada a su valor histórico.

Propiedad: la propiedad de la Compañía sobre la que se construyen los edificios o plantas de la Compañía. El precio de la tierra se fija a precios medios, y en los Estados Unidos no es depreciable. GAAP (principios contables generalmente aceptados).

Bienes adicionales: se trata de una categoría separada de elementos inusuales, no en uno de los tipos de bienes adicionales. Entre los ejemplos se incluyen las reclamaciones diferidas (prepagas a largo plazo), las reclamaciones no corrientes y los anticipos subsidiarios.

Activos intangibles-Recursos que carecen de contenido pero que proporcionan ventajas económicas y derechos: patentes, licencias, derechos de autor, fondo de comercio, marcas comerciales y gastos de organización. Esos recursos son muy inciertos en cuanto a si se obtendrán beneficios en el futuro. Se notifican al costo histórico neto de la depreciación acumulada.

Pasivo corriente - Deuda, que vence en el plazo de un año o en el ciclo de explotación, el que sea más largo. Esas obligaciones suelen entrañar la utilización de activos existentes, la creación o prestación de determinados servicios de otro pasivo corriente.

Deuda bancaria - Este saldo se debe al banco a corto plazo, como una línea de crédito.

Cuentas por pagar - Se debe a los proveedores por los bienes y servicios entregados pero no pagados.

Sueldos a pagar (sueldos), hipoteca, impuestos y servicios- Esto se debe a los trabajadores, inquilinos, autoridades públicas, etc.

Pasivos acumulados (gastos acumulados) - Estos pasivos surgen porque los gastos se producen en el período anterior al pago en efectivo. Este término contable incluye normalmente las transacciones de nómina, los dividendos por pagar y los sueldos por pagar, entre otros. Este es un término completo.

Notas por pagar (préstamos a corto plazo)-Una cantidad que el cliente debe al prestamista, que normalmente cuesta intereses.

Beneficios no ganados (pagos anticipados de los clientes): son pagos que recaudan los consumidores por productos y servicios que la Compañía no proporciona o cuyos gastos de entrega aún no han comenzado.

Dividendos diferidos-Esto sucede cuando una sociedad emite un dividendo pero no es pagadero a sus titulares.

La parte actual de la deuda a largo plazo - El pasivo corriente incluye el vencimiento actual de la deuda a largo plazo. Cualquier prima o descuento asociado también se reclasificaría legalmente como un pasivo continuo.

La parte actual de la fianza para los arrendamientos financieros- Es la parte de un arrendamiento financiero a largo plazo que vence en el próximo año.

Pasivo a largo plazo: se trata de pasivo que se supone que debe liquidarse en el plazo de un año o un período de explotación en alguna etapa. El valor actual de todos los posibles pagos en efectivo se enumera como obligaciones a largo plazo. Normalmente se incluyen: Pagarés adeudados- La cantidad que la Compañía debe a un acreedor suele devengar intereses.

Deuda a largo plazo (bonos por pagar) - La parte existente neta de la deuda a largo plazo.

Obligación de pago del impuesto sobre la renta diferido: los PCGA permiten a la administración utilizar diversos principios contables y/o métodos de presentación de informes como los que utiliza para los rellenos de impuestos de las empresas en el IRS (principios de contabilidad generalmente aceptados). Las obligaciones fiscales diferidas son impuestos sobre los ingresos ya registrados para los libros que se adeudan en la esperada (salida de dinero futura para los impuestos adeudados). Aunque sus registros ya muestran beneficios, el IRS permite a la Compañía pagar impuestos en una fecha posterior debido a la diferencia horaria. Si el gasto fiscal de una sociedad es mayor que el impuesto a pagar, se ha creado una obligación fiscal futura (a la inversa, un activo fiscal diferido).

Responsabilidad del fondo de pensiones - Es el deber de una empresa de pagar las prestaciones pasadas y presentes de los empleados en el momento de la jubilación y se materializa cuando los empleados dejan de participar en acuerdos tales como un plan de prestaciones definidas. Esta cantidad es estimada por los actuarios y representa la estimación actual de los gastos futuros de pensiones con respecto al valor actual del fondo de pensiones. El pasivo del fondo de pensiones representa la cantidad adicional que la Compañía debe pagar al fondo de pensiones actual para hacer frente a los compromisos futuros.

Deuda a largo plazo - Un contrato contractual en el que un prestamista permite a un inquilino utilizar y alquilar la propiedad durante un período de tiempo determinado. Este arreglo es un acuerdo escrito. Los bonos a largo plazo son netos de la porción actual.

Una cuenta de flujo de caja que informa sobre el flujo de caja durante el período contable los efectos de las operaciones, inversiones y actividades financieras de una empresa.

El Estado de Flujo de Caja muestra: cómo la Empresa recibe y gasta el efectivo Por qué puede haber diferencias entre los ingresos netos y los flujos de caja Si la Empresa genera el efectivo adecuado de las Operaciones, la Empresa generará suficiente efectivo para pagar las deudas existentes a medida que la Empresa vence.

Flujo de efectivo de las actividades operacionales - El flujo de efectivo es el flujo de efectivo que resulta de las operaciones normales, como las ganancias y el dinero de los gastos de operación netos de impuestos. Flujo de efectivo de las actividades de explotación Estas incluyen: flujo de efectivo: la entrada positiva de dinero (1) de los ingresos positivos de las ventas de bienes o servicios (2) los intereses de la deuda, y (3) los dividendos de las inversiones.

Salida de efectivo: es el negativo (pagos) más comúnmente conocido como (1) pagos a proveedores (2) pagos a empleados (3) pagos a gobiernos (4) pagos a prestamistas (5) para gastos adicionales.

Flujo de inversiones (CFI)-CFI es un flujo de efectivo derivado de actividades de inversión como la compra o venta de activos existentes y fijos. Entre ellas figuran las aportaciones en efectivo procedentes de: 1) la venta o enajenación de los activos, plantas o instalaciones; 2) la venta de valores de deuda o de capital social; o 3) los ingresos por préstamos a otras entidades.

La salida de efectivo es la transacción mediante: 1) la compra de plantas y servicios de propiedad, 2) la compra de bonos u otros valores de renta variable, o 3) la concesión de préstamos a otras organizaciones, la corriente de efectivo de las actividades de financiación (CFF) - La CFF es la corriente de efectivo resultante de aumentar (o reducir) el efectivo mediante la emisión (o retirada).

Estudio vertical El análisis de un solo informe financiero encaja bien con el análisis vertical. Estudio Investigación vertical. Las cifras de la cuenta de resultados reflejan la relación entre cada cuenta separada y las ventas netas. Envíe todas las cuentas como un porcentaje de las ventas netas que no sean las ventas netas. Los ingresos netos son el porcentaje de las ventas netas no gastadas. Por ejemplo, si los gastos ascienden al 69% de las ventas netas, los ingresos netos reflejan el 31% restante. La investigación de balances verticales utiliza el total de activos y el total de pasivos para analizar las cuentas de balance individuales.

Análisis horizontal Las comparaciones entre conjuntos de datos de dos períodos son análisis horizontales. Los usuarios de los estados financieros examinan los cambios en los datos, de manera muy similar a un indicador. Los analistas optimistas buscan el crecimiento de los ingresos netos, los activos y los ingresos, así como la reducción de los costos y los pasivos. El usuario debe deducir la cifra básica de la cifra actual para la estimación de las variaciones absolutas del dólar. Para que el cambio se represente con porcentajes, el consumidor debe dividir la línea de base por la cifra actual y multiplicarla por 100.

Análisis de tendencias Tres o más períodos de los estados financieros suelen ser análisis de tendencias, una continuación del análisis horizontal. El año base es el comienzo del conjunto de datos. Si bien los dólares pueden reflejar períodos posteriores, los analistas suelen utilizar porcentajes de comparabilidad. Los usuarios analizan ejemplos de tendencias de cambio social, que reflejan los cambios en las preguntas del mercado. Las mejoras en los estados financieros incluyen el aumento de los ingresos y la disminución de los gastos.

Los coeficientes de análisis de los coeficientes muestran una conexión entre los dos estados financieros adicionales y los presupuestos y puntos de referencia de la industria. Hay cinco categorías de ratio comunes: liquidez, venta de activos, apalancamiento, rentabilidad y solvencia. La evaluación de los coeficientes de rendimiento en comparación con períodos anteriores o con puntos de referencia específicos de la industria permite a los usuarios reconocer los puntos fuertes y débiles.

Límites El estudio de los estados financieros ofrece la posibilidad de examinar los datos anteriores y los presupuestos probables. Sin embargo, los datos utilizados son de carácter histórico y pueden no representar el futuro en circunstancias imprevisibles. El valor de los activos y pasivos puede ser significativamente inferior o exagerado, lo que deja a los consumidores sin saber el valor real del balance. Las declaraciones pro forma o los estados financieros prospectivos ofrecen, en el mejor de los casos, incertidumbre.

El análisis costo-volumen-beneficio ayuda a los propietarios y administradores a comprender la relación entre los costos fijos y variables, las cantidades de productos creados o vendidos y los ingresos generados por las ventas. La relación financiera incluye el análisis del margen de contribución, el análisis del punto de equilibrio y el apalancamiento operacional. Los estados financieros proporcionan información de análisis de costos y beneficios.

Margen de contribución El análisis del margen de contribución permite a los gerentes considerar el porcentaje de cada dólar de venta restante después del pago de los costos variables, incluyendo el costo de las mercancías, los honorarios y las tarifas de entrega. Esta investigación es utilizada por los administradores y propietarios para determinar el precio, la mezcla, la producción y la disposición de los bienes. El análisis del margen de contribución también ayuda a los gerentes a determinar el incentivo de los honorarios y las primas de venta. La comparación de cada producto ofrecido ofrece la oportunidad de ver la rentabilidad y la mezcla de productos.

El cálculo del punto de equilibrio tiene en cuenta el volumen de ventas en el que se igualan los gastos fijos y variables. Los propietarios y administradores deben tener en cuenta dos cifras principales al calcular el punto de equilibrio. El primero es el margen de beneficio bruto, que es el porcentaje restante de los ingresos después de incurrir en gastos variables. Y los costos fijos, incluyendo la nómina, la oficina y las ventas. Los estados financieros proporcionan los dos conjuntos de datos necesarios para la medición del volumen de equilibrio.

Apalancamiento financiero El apalancamiento financiero en cada modelo de negocio difiere ligeramente, lo que relaciona el costo fijo con los ingresos. Las organizaciones con costos fijos más altos verán un mayor aumento de su eficiencia en el mercado, lo que causará una disminución del crecimiento de las ventas en los beneficios. Sin embargo, lo mismo ocurre con las pérdidas, en las que pequeñas disminuciones en las ventas aumentan exponencialmente las pérdidas netas. Un menor apalancamiento operativo contribuye a un menor crecimiento de los ingresos netos.

Ratios financieros Un ratio financiero es una conexión matemática entre dos o más conjuntos de datos de estados financieros y suele mostrar la relación como un porcentaje. Los cinco grupos de ratio genéricos son: eficiencia, solvencia, deuda, rotación de recursos y liquidez. Los administradores y propietarios deben revisar las proporciones durante un período para determinar dónde hay tendencias desfavorables. Una vez analizados los acontecimientos, los ejecutivos de diversas fuentes, incluidas las organizaciones de sectores específicos, pueden alcanzar los puntos de referencia empresariales.

Una relación financiera era una magnitud relativa de dos valores numéricos seleccionados derivados de los estados financieros de la Compañía. La mayoría de las métricas genéricas que se utilizan en la contabilidad se emplean para tratar de evaluar la situación financiera general de una empresa u otra organización. Los coeficientes financieros pueden ser utilizados por los ejecutivos de una empresa y por los inversores (propietarios) y prestamistas actuales y potenciales de una empresa.

Los coeficientes pueden utilizarse para juzgar la "liquidez" de la organización, es decir, si puede pagar sus facturas, es "apalancamiento", es decir, la financiación de la organización y sus "actividades", es decir, su productividad y eficiencia. Esto sólo afecta a la planificación de nuevos productos, los presupuestos de comercialización y las decisiones de comercialización mediante la realización de análisis de liquidez.

El análisis financiero también puede utilizarse en una organización con diversos fines, pero en la esfera de la comercialización tiene cuatro funciones principales: medir el funcionamiento de la estrategia de comercialización (análisis de la colocación); evaluar las alternativas de las decisiones de comercialización y elaborar planes para futuras operaciones de control cotidianas o a corto plazo.

Conocer el rendimiento financiero de una empresa es necesario para establecer una sólida estrategia de desarrollo de ventas, así como para ser un ejecutivo de la empresa bien informado y educado. El objetivo de este debate es presentarles los principios y puntos de análisis de las cuentas financieras y tomar decisiones comerciales informadas mediante el uso de coeficientes. La información discutida en este capítulo no reemplazará de ninguna manera la función de trabajo de su director financiero o contador público.

Los estados financieros pueden ser bastante complicados, y los principios contables pueden tener un gran impacto en la presentación de informes. Comprenda que un diálogo coordinado con su personal de contabilidad es esencial para obtener un conocimiento claro y conciso de los estados financieros de su empresa. Los coeficientes financieros, si se interpretan correctamente, tienen limitaciones y usos específicos. En la utilización de los coeficientes financieros, se debe prestar atención a las siguientes cuestiones: Se requiere un punto de referencia. Para que la mayoría de los ratios sean significativos, hay que compararlos con los valores históricos de la misma empresa, con las previsiones de su empresa o con empresas similares.

Muchas proporciones por sí solas no son muy importantes. Deberíamos ser considerados como marcadores, y varios de ellos deberían combinarse para construir sobre la conclusión del estudio.

Tener en cuenta los coeficientes financieros en los factores estacionales y los ciclos económicos. Si se dispone de ellos, se deben utilizar valores medios.

Contacte con el departamento de contabilidad para aclarar sus conceptos en teoría y contabilidad.

A lo largo de los años se han aplicado diversos modelos de beneficios para calcular el rendimiento de una empresa y crear una medida estadística para lograr la máxima eficiencia. Nuestro modelo era muy básico y calculó cuatro áreas clave de rendimiento: porcentaje de margen de beneficio bruto, porcentaje de margen de beneficio neto, devolución de activos RONA-net y devolución de inventario de margen bruto GMROI. Anteriormente en la sección, presentamos un conjunto de estados financieros que utilizaremos como parte de nuestra ilustración de la plantilla de ventas/beneficios.

COGS de ventas-Costos de los bienes vendidos gastos de explotación-Depreciación, amortización y cargos por intereses netos Activos fijos-Planta de propiedad e instalaciones de amortización brutas Activos corrientes Pasivos corrientes Inventario Ingresos netos-ingresos después de impuestos Esta plantilla puede llevarse a cabo en una hoja de cálculo pendiente para hacer un seguimiento del negocio' Estos cuatro ratios son la mejor medida del rendimiento total de las ventas de una empresa y deben compararse con otras industrias para lograr altos niveles de rendimiento.

GMROI (Retorno del Margen Bruto del Inventario) es una métrica de "giro y ganancia" que mide el margen y la eficiencia del inventario. En esencia, el GMROI responde a la pregunta: "¿Cuánto se gana en ganancias brutas por cada dólar que se tiene en el inventario?" El GMROI puede medirse a nivel de organización y, si los datos se obtienen correctamente, puede llegar hasta un producto.

Utilice los estados financieros actuales o los presupuestos futuros para establecer un punto de referencia para la organización. Calcula el porcentaje GP, ITO, y calcula el

GMROI actual o el objetivo. Mida contra este objetivo cada segmento relevante. Identificará grupos que superen los objetivos y que no tiren de su propio peso. Aunque la mayoría de las organizaciones tienen algunos "líderes de la pérdida", es importante comprender qué elementos/grupos tienen un rendimiento inferior. Las elecciones deben vivir con resultados, aumentar el margen, impulsar la rentabilidad o evitar el producto pobre en casos extremos.

El análisis de los beneficios del punto de equilibrio es una práctica común en la industria y las empresas con diversos productos o costos.

¿Qué es una función inversa en las matemáticas en inglés simple?

La función opuesta simplemente deshace en matemáticas lo que hace la función dada. Cuando se consideran el dominio y el rango, si una función particular toma un valor de x del dominio al valor de y del rango, entonces su función inversa toma el mismo valor de y del campo y lo devuelve al valor de x del dominio.

Las funciones inversas son importantes en las matemáticas, ya que conocemos el valor del alcance y debemos decidir de qué valor de dominio proviene en algunos problemas. Por ejemplo, sabemos el valor que las funciones de seno o coseno generan en ciertas cuestiones de trigonometría, y queremos saber qué ángulo producen estos valores. Esta situación puede ocurrir si queremos, por ejemplo, construir un triángulo adecuado de longitudes de lado dadas y conocer la medida del ángulo que se ajusta a esos lados.

La función en cuestión debe ser individual para encontrar la función opuesta de una función dada, repito aquí la definición de una función individual: las características individuales son tan efectivas que pasan la prueba de la línea horizontal; en otras palabras, nunca puede haber una situación en la que dos valores x distintos en el dominio se envíen al mismo valor y en el campo. Esta condición debe cumplirse para encontrar la función opuesta, ya que si no fuera así, habría esencialmente dos rutas por las que se podría devolver el valor y (podríamos enviar la y de vuelta a uno de los valores x a partir de los cuales se generó) y la función inversa estaría mal definida.

Una vez que tenemos una regla de uno a uno, podemos encontrar el otro camino cambiando el valor de x y y en la ecuación y resolviendo para y. Tomemos un ejemplo simple de esto: la función lineal y= 3x-2. Todas las funciones lineales son individuales. Podemos, por lo tanto, cambiar x andy y resolver para y. Si hacemos esto x= 3y-2; ahora que resolvemos y, tenemos y= (x + 2)/3. Eso es todo lo que hay.

Para demostrar que esta es en realidad la función que toma un cierto valor x y lo envía de vuelta al lugar donde se originó, probemos con un ejemplo particular. Let x= 10. Sea x. Y= 3x-2 da y= 28 en la función dada. Este valor de 28 debe ser devuelto a 10 por el método inverso. Puedes ver que obtienes 10 si conectas 28 en y= (x + 2)/3. La función inversa, por lo tanto, hace lo que se pretende hacer.

Para funciones más complicadas, si no imposibles, lo contrario puede ser extremadamente difícil de encontrar. Los matemáticos dependen de herramientas y metodologías sofisticadas para estas situaciones. La mayoría de las veces, una cierta característica y es inversa nada más que los polos opuestos: lo contrario lleva a un viajero al Polo Norte al Polo Sur. ¡Qué hombre tan hermoso esta función inversa!

Pulse abajo para ver cómo su habilidad matemática ha sido utilizada en el desarrollo de una hermosa colección de poesía de amor. Entonces verás los muchos lazos entre las matemáticas y el amor.

Programación Lineal en Matemáticas Aplicadas y Ciencias de la Computación

Los algoritmos son ecuaciones especiales o programas que pueden ser adaptados a diferentes variables de un teorema particular. Considerando la lógica algorítmica, el mismo camino puede conducir a un objetivo común muchas veces en circunstancias diferentes. A través de la informática, estos conceptos a través de las matemáticas han sido valorados para proporcionar aplicaciones de software para la conversión rápida y eficiente de datos. Al traducir los datos, nos referimos a cualquier información que pueda procesarse eficazmente para lograr un objetivo preestablecido. El mayor cambio se produjo cuando los teoremas matemáticos se tradujeron con éxito en aplicaciones avanzadas, utilizando interfaces que eran amigables y fáciles de usar. En realidad, cada aplicación de software, implementada para realizar una determinada tarea racional, representa un modelo avanzado de las matemáticas o de la economía.

Por ejemplo, los algoritmos de programación lineal se han traducido con éxito en amplias aplicaciones que proporcionan soluciones de rentabilidad a diferentes requisitos. En otras palabras, los algoritmos se discuten en la informática como enfoques de vanguardia; por ejemplo, el ejemplo de la programación lineal en la informática tiene valores completamente diferentes. Estos ejemplos son en realidad modelos optimizados que se convierten en plataformas e interfaces avanzadas; un algoritmo computarizado tiene el mismo punto de partida que un modelo matemático, sin embargo, cuando comparamos los resultados y los parámetros de eficiencia, las diferencias son evidentes. Los usuarios pueden reducir un proceso muy exigente y cuidadoso basado en largos cálculos a través de una aplicación de software de programación lineal.

No hay duda de los beneficios de las soluciones de programación lineal. Sin embargo, la aplicación de una aplicación informática basada en modelos de programación lineal ha dado una mayor comprensión del método algorítmico. Y, a través de una mayor disponibilidad, nos referimos a que el método simple o el método convertido está alineado con los usuarios que requieren el resultado final del modelo y están menos interesados en cómo un sistema automático ha hecho esto. La única cuestión es la fórmula, que puede mostrarles el camino hacia un beneficio óptimo. De hecho, el solucionador de programación lineal es la parte más compleja del proceso y permite que la optimización del LP sea una solución de fácil acceso. Además de la funcionalidad fácilmente disponible, se puede personalizar una solución informática para diferentes dominios de actividad utilizando el método simplex o el método revisado. Aunque se utiliza el mismo algoritmo en el transporte y la logística, la ingeniería o la informática, el concepto de trabajo se adapta de alguna manera a las características específicas del sector si el beneficio se realiza de forma diferente por diferentes personas.

CONCLUSIÓN

Muchos estudiantes consideran que las matemáticas sonuna materia difícil y aterradora. Las dificultades pueden resolverse sustituyendo su terror por la curiosidad. Si le das a este tema la atención adecuada, sin duda comenzará a gustarte. Si dejas de odiarlo, las matemáticas se vuelven muy simples.

¿Pero por qué deberías intentar estudiarlo? ¿Cuál es el significado de las matemáticas en la vida cotidiana? El rango va mucho más allá de las estimaciones rutinarias y la programación de sus gastos mensuales. Toda la biología es, en esencia, química; en última instancia, toda la química es física, y en última instancia toda la física es matemática. La economía es uno de los temas más populares hoy en día. Cada educación en economía también requiere de las matemáticas. Sus aplicaciones son increíbles a un nivel avanzado. Por ejemplo, el Equilibrio Nash de Economía / Estadística puede utilizarse para predecir los patrones de los bonos e incluso para resolver guerras entre países. Aprender matemáticas mejora tus habilidades mentales. Si eres bueno en matemáticas, puedes resolver problemas todos los días rápidamente. Esto se debe a que cuando lo estudias correctamente, tu pensamiento se vuelve lógico.

Muy pocos estudiantes tienen la oportunidad de hacer esto. Sin embargo, todos tienen las habilidades básicas requeridas para estudiar el tema a nivel escolar.

Pero para la mayoría de nosotros, todos los teoremas, axiomas y fórmulas suenan a holandés. Este problema podría deberse a dos cosas. En primer lugar, su comprensión de los fundamentos del tema no es sólida. En segundo lugar, podría deberse a su enfoque erróneo del tema.

Es más difícil tratar el primer problema. Si los conceptos de permutaciones y combinaciones no están claros, no se puede entender nada sobre la probabilidad condicional. Vas a tener que hacer trabajo extra para hacerlo. Hable con su instructor sobre estos temas y busque su orientación. Siempre puedes conseguir el apoyo de tus amigos. Busque leer libros del curso anterior si es necesario. Este problema debe ser abordado lo antes posible. Cuanto más tiempo dura, más difícil se hace.

Nunca debes tratar de aprender matemáticas en lo que respecta a tu método. La única manera de aprender matemáticas es entenderlas. Intenta que sea una experiencia agradable. Recompénsese cada vez que tenga un pequeño éxito con, digamos, un caramelo. Practíquelo tan a menudo como sea posible. Tan a menudo como sea posible. A través de la observación y el recuerdo, nuestro cerebro aprende cosas nuevas. No hay alternativa a la práctica continua.

Se vuelve mucho más fácil si tratas de entenderlo, en oposición a la teoría, en términos prácticos. Por ejemplo, hablemos de LPP (problemas de programación lineal). Las situaciones prácticas, como la tasa de producción de una máquina determinada, deben expresarse como una expresión matemática. En estos casos, es necesario comprender adecuadamente tanto la forma funcional como la algebraica del problema.

Si lo dejas estar, las matemáticas son fáciles. Deberías probarlo, y te gustará. Si no, te quedarás con él independientemente.

Recuerda que tendrás muchas oportunidades profesionales interesantes si haces buenas matemáticas. En los campos de la tecnología, siempre se requieren personas con buenas habilidades matemáticas. La única animación no se puede lograr sin una programación matemática de alto nivel.

www.ingramcontent.com/pod-product-compliance
Lightning Source LLC
Chambersburg PA
CBHW030610220526
45463CB00004B/1237